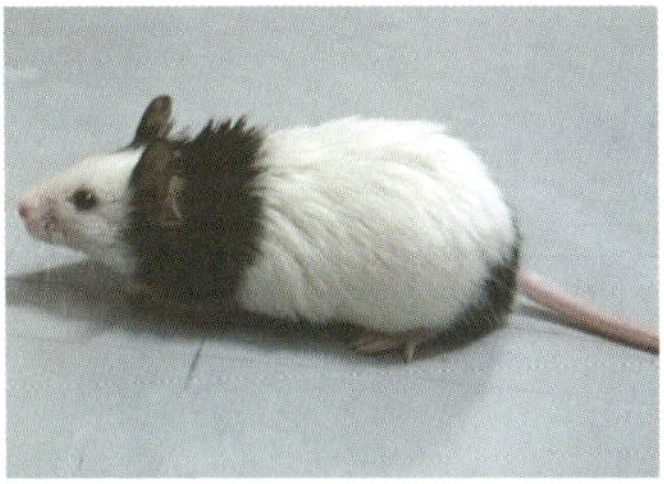

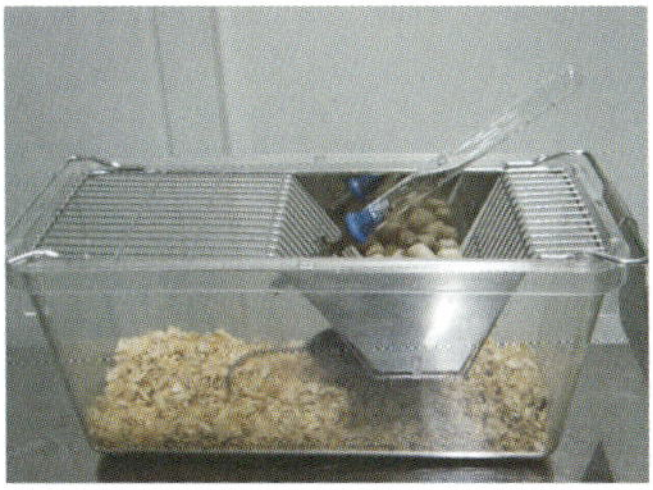

左:日本産愛玩用マウス由来の系統JF1(3章4節)
右:飲水量測定ボトルを設置したマウスケージ(8章2節)
試験水を入れる飲水用ボトル(試験管)は約14ミリリットルの容量がある。通常の24グラムくらいのマウスで二日程度はボトルの交換無しで継続できる。飲水用ノズルには金属製のクリップがついており、ケージの蓋に固定することができる。

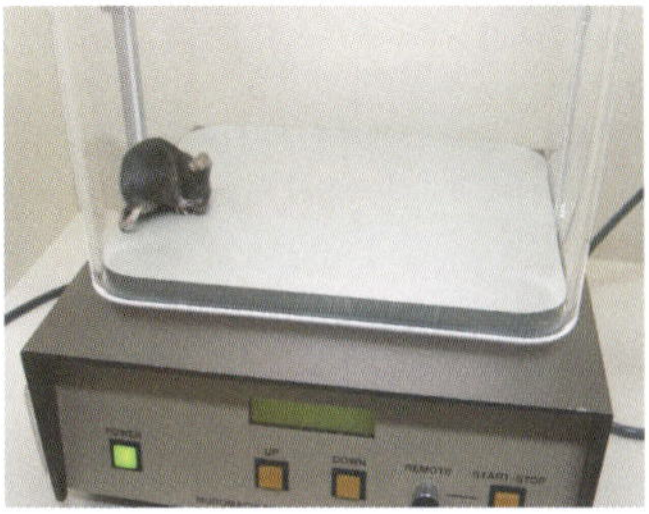

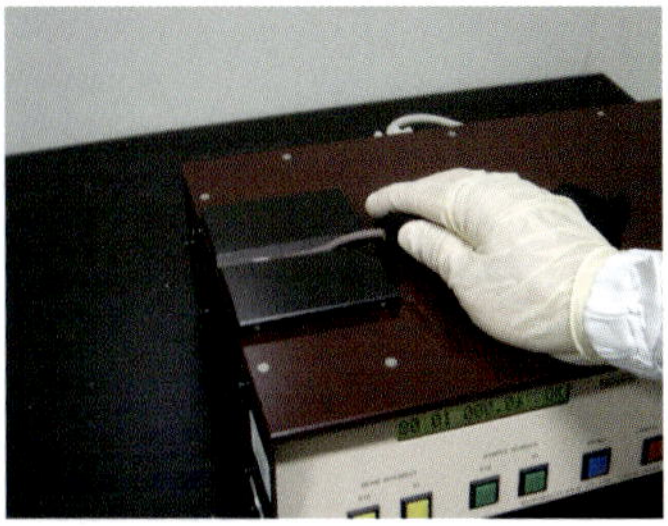

痛覚テスト:ホットプレートテスト(左)とテールフリックテスト(右)(8章3節)
ホットプレートに入れられたマウスは後肢をなめている。

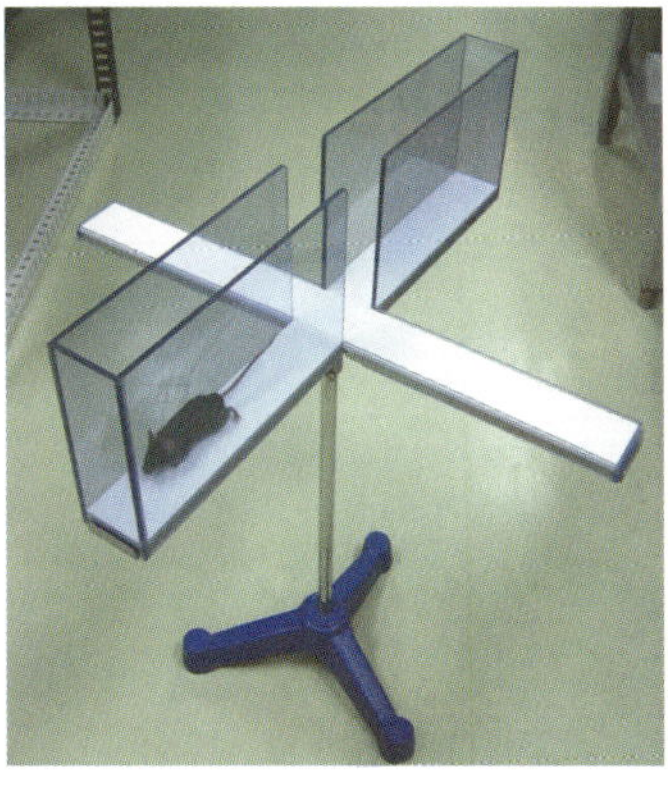

上:オープンフィールドテスト(8章5節)
右:高架式十字迷路(8章6節)

③

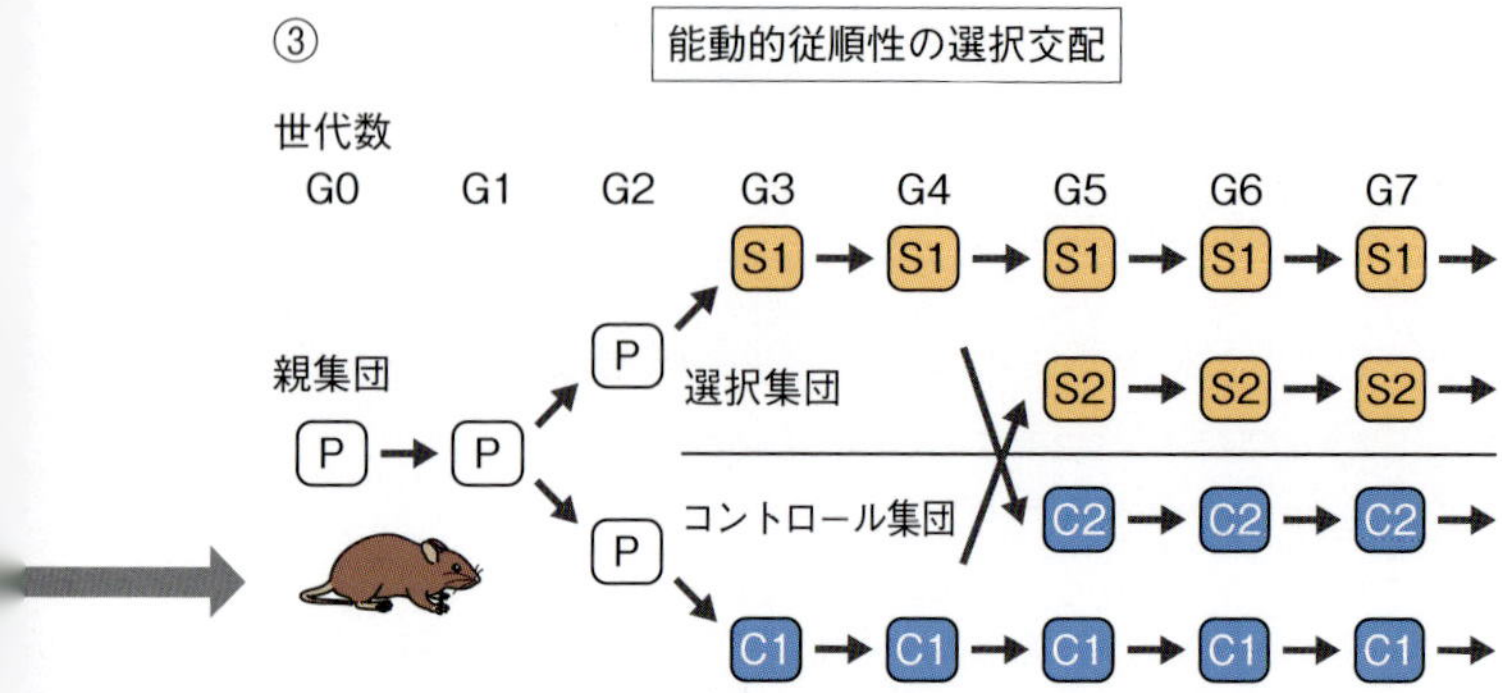

S2 は、コントロール集団（非選択）で 2 世代維持した C1 から選択集団を分離した。C2 は、選択集団 S1 で 2 世代選択後にコントロール集団として分離した。この入れ替えは、当初の選択集団とコントロール集団から、選択の有無を逆転しても、その後の選択の有無により能動的従順性の程度が決まることを示すために行った。

④

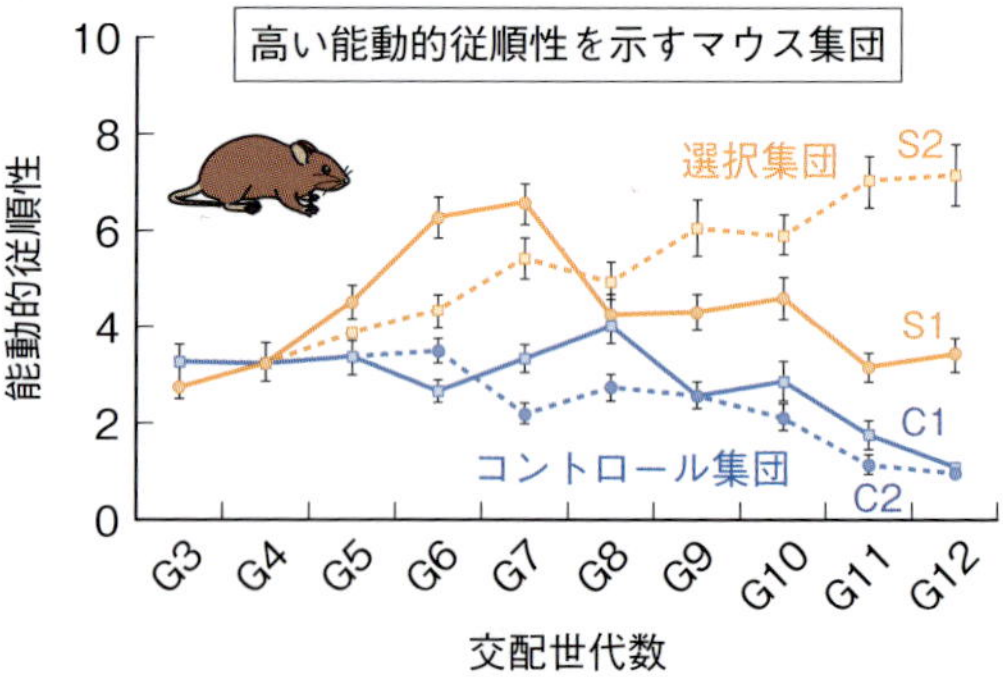

オレンジの破線はコントロール集団から分離した選択集団、青の破線は選択集団から分離したコントロール集団を示す。交配の初期であれば選択する集団と選択しない集団を入れ替えても選択の有無の効果が現れることを示している。二つの選択集団（S1 と S2）の値が G11 および G12 で離れているのは世代ごとのデータのばらつきにより生じたものであり、さらに世代を重ねると同様の能動的従順性を示すようになる。

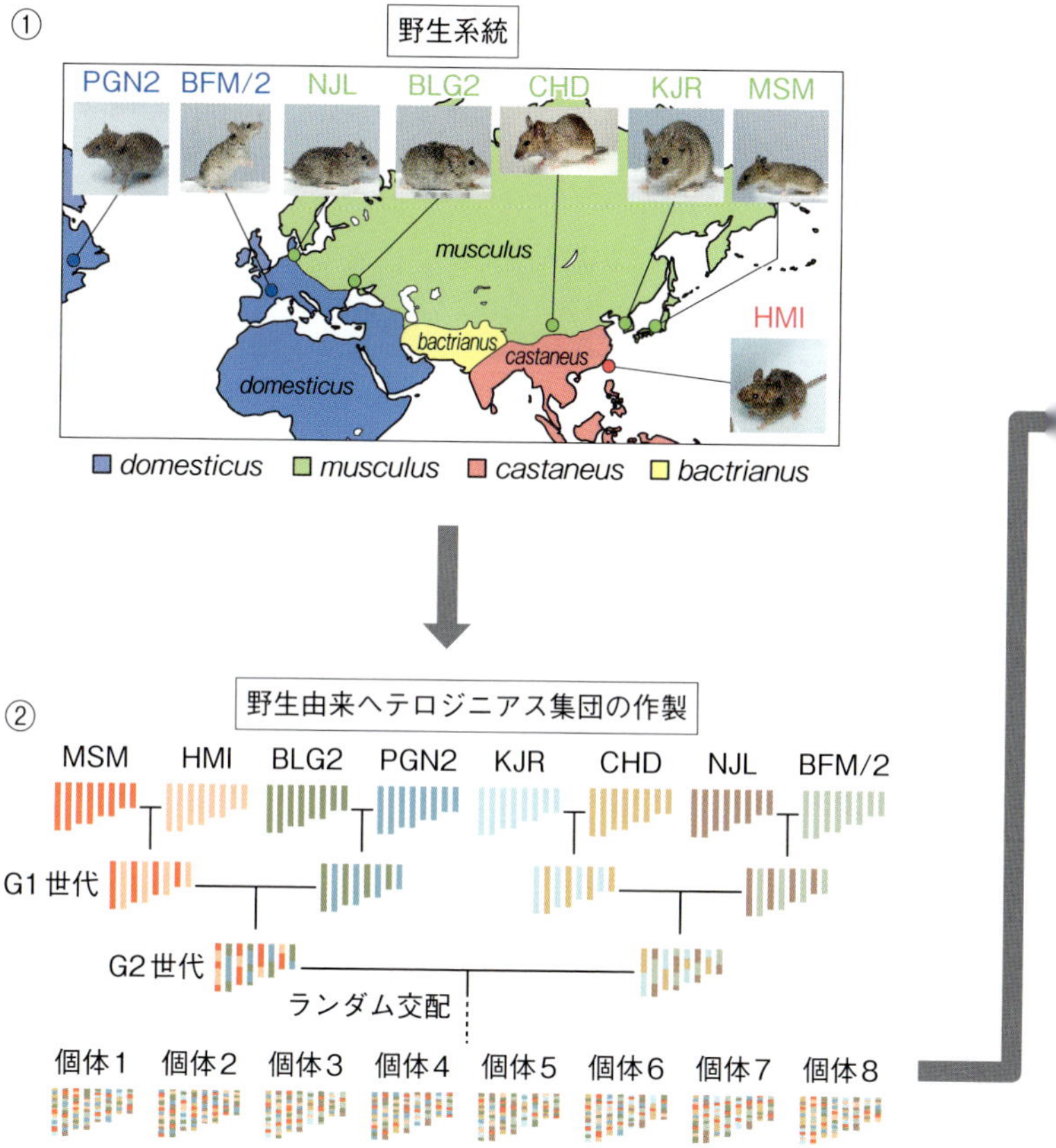

ヒトになつく（高い能動的従順性を示す）マウス集団の樹立
①野生系統の由来と、②それらをもとに樹立した野生由来ヘテロジニアス集団。③野生由来ヘテロジニアス集団をもとに行った能動的従順性の選択交配と、④世代ごとの表現型の変化（10 章 4 節）〔（マウスの写真）撮影：水品洋一氏〕

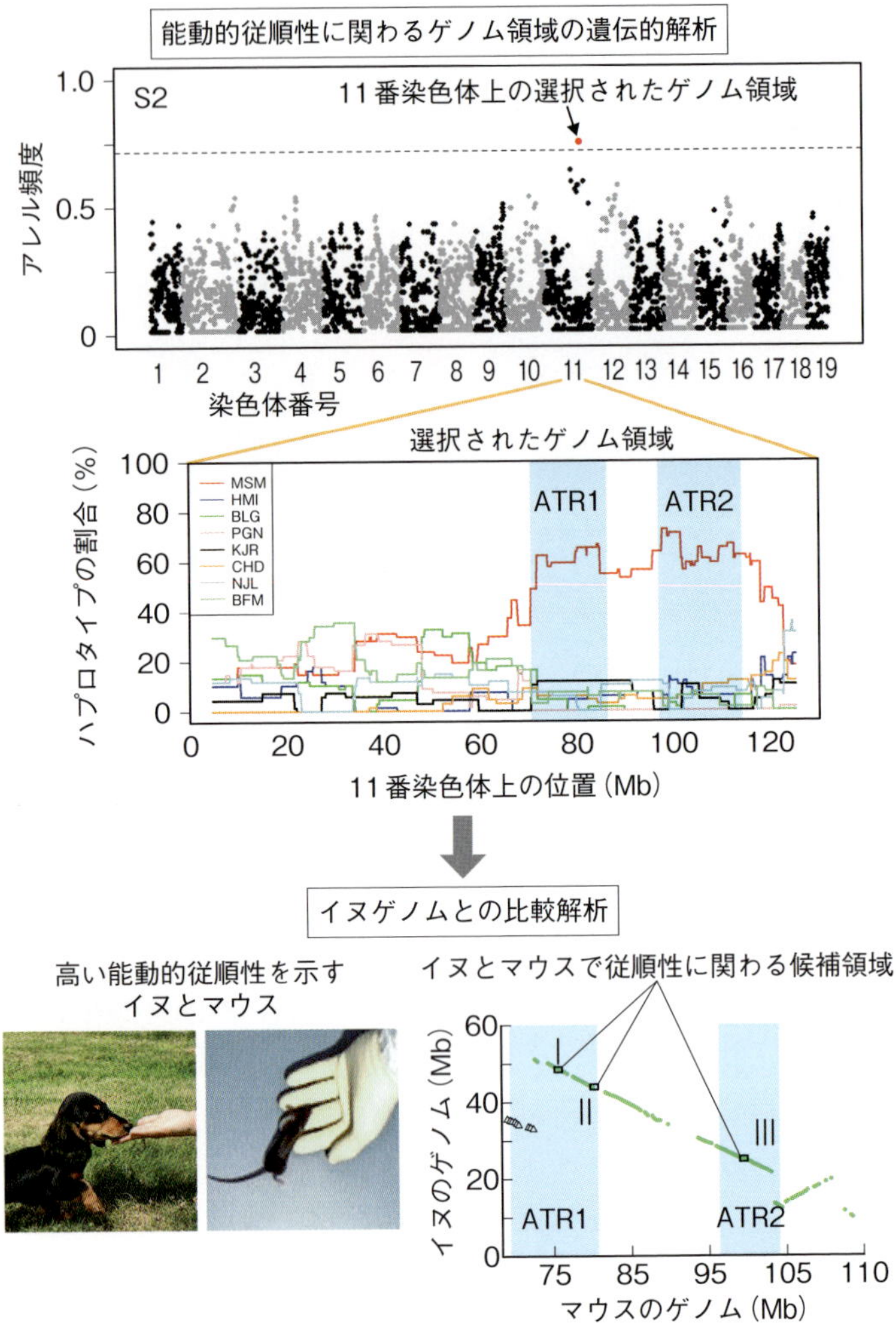

能動的従順性に関連した遺伝子座のマッピングと
イヌゲノムとの比較解析（10章4節）

シリーズ・生命の神秘と不思議

行動や性格の遺伝子を探す

―マウスの行動遺伝学入門―

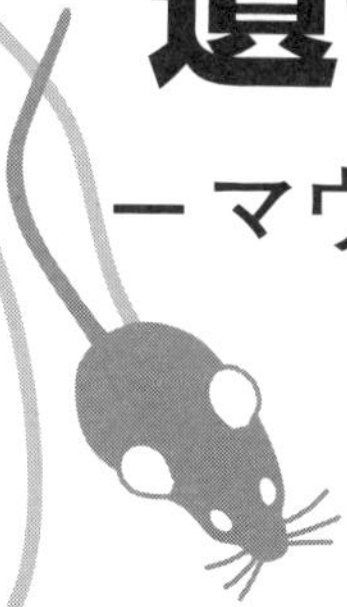

小出　剛 著

裳華房

まえがき

性格と遺伝の関係に興味を持ったことがある人は多いと思います。人を観察していると、社交的であったり、とっつきにくかったり、物静かだったり、なんでも心配するたちだったりというように、それぞれ性格が異なることに気づきます。

こうした性格と遺伝との関係はとても興味をそそる問題です。人は子を授かると行動や性格と遺伝との関係に興味を持つことが多いようです。赤ちゃんがいつもご機嫌で笑っているならどちらの親に似ているか話題になったり、逆に気が強いと父親似じゃないかと言われたり、楽しい話題は尽きないでしょう。こうしたことは子供が成人してもまだ続いて、性格の由来を祖父母にまでたどることもしばしばです。多くの場合は笑ってすますことができますが、あまり根拠もなく真剣に議論が進むと問題にもなりかねません。

そのような比較的気楽な疑問があるかと思えば、一方でもっと深刻な問題もあります。統合失調症や双極性障害などの精神疾患や、自閉症スペクトラムなどの発達障害は、いずれも発症頻度がヒト集団で約1％と高く身近な問題です。さらに、大うつ病は15％を超え、不安障害全般では30％近くに及ぶなど、身の回りに当たり前にみられる疾患です。近親者や身近な人の中にこうした疾患や障害を持つ人が一人二人ぐらいはいてもおかしくないでしょう。いったいこれらの疾患に遺伝はどの程度関連しているのかという問題は、上述のような気楽な雑談ですますことはできません。

近年、ゲノム遺伝学が進歩し、数多くのヒトや動物個体のゲノム情報が明らかになるのに伴い、さまざまな表現型に関わる遺伝子を明らかにする試みが進められており、行動や性格と遺伝との関連についても研究が進んでいます。こうした研究の分野はまだまだ発展途上にありますが、研究成果を極端に短絡化した報道などもしばしば行われており、それも問題になりつつあります。何がわかっていて、何がわかっていないのかを、情報発信する側と受け取る側の双方がよくわきまえ、適切に対応することがより求められる時代になりつつあると言えるでしょう。

マウスを用いた行動遺伝学は、近年のゲノム科学や神経科学、さらには行動解析技術の進歩とそれら分野間の融合により飛躍的に進歩しつつあります。今後さらに大きく進展することが期待される中で、マウスにおける行動遺伝学の現状を整理しておくことが重要であると考えました。行動と遺伝子との関係やこの分野の研究およびその動向に興味を持っている方に、できる限りわかりやすく情報を届けたいと思います。

２０１８年６月

小出　剛

目　次

4章　マウスの遺伝学　45

5章　マウスを用いた行動遺伝学のあゆみ　55

6章　遺伝子から行動へのアプローチ　75

7章　遺伝子機能解析のための新たなツール　91

1章　行動や性格と遺伝子との関係

行動遺伝学の研究は、遺伝学でさまざまな生命現象が説明できることが知られるようになって以降、多くの研究者を引き付けてきました。この章では、行動遺伝学とはどのような研究領域なのか、また本書の主要な対象であるマウスを用いることにはどのようなメリットがあるのか、その歴史をひも解きつつ簡単に見ていきましょう。

1 行動遺伝学とは

行動遺伝学とは、動物が示す行動と遺伝との関係を明らかにしていこうという研究領域です。しかし、行動は一時的に表出しては消えてしまうために、なかなかとらえにくい表現型の一つです。この行動と遺伝子との関連を明らかにするのは容易なことではありません。「遺伝子」は遺伝情報を司る物質ＤＮＡにより構成されており、そこからつくられるタンパク質は細胞内の構造をつくり、細胞を構成し、組織を形成し、さらにそれらがうまく働くために必要なさまざまな細胞外因子をつくり出します。それらをつくり出すタイミングと場所は厳密にコントロールされており、それさえも遺伝子のプログラムの中に書き込まれているのであろうと考えられています。一方で「行動」は、さまざまな神経活動が運動系の器官に働いて表出したものであり、行動に至るまでには多くの器官や因子が複雑に関連して働いていると考えられます。そのため、行動と遺伝子の間にはとても大きな溝が広がっているようにも思えるのです。

しかし、近年の生命科学では、その広い溝のあらゆる階層での研究が大きく進展し、行動の裏にある物質やそれが生み出す多様なしくみとの関連を明らかにすることが可能になりつつあります。では、遺伝子と行動との関係はどのようなものなのでしょうか？　行動は、中枢で生じるさまざまな神経活動が身体の運動系器官を調節した結果として現れます。そのため、遺伝子は中枢での神経活動や運動器官、さらにはその間をつなぐさまざまなしくみを調節するものであると考えられます。そうすると、ある特定の行動に関わる遺伝子は、多岐にわたる組織やその働きに関わるものであり、行動を生み出すまでには多数の遺伝子が関与しており、その機能もさまざまなものが含まれると考えられるのです。

行動と遺伝子の関連を明らかにしようとする試みは、多くの研究者の興味を引き付けてきたがゆえに長く続けられてきました。次に行動遺伝学の歴史を少しひも解いてみましょう。

2　行動遺伝学の歴史

行動遺伝学の歴史は、同じ１８２２年に生まれた二人の遺伝学者を抜きにしては語れません[1-1]。一人はメンデル（Gregor J. Mendel: 1822-1884）で（図1・1左）、彼は現在のチェコの

図1·1　共に1822年に生まれた二人の遺伝学者
（左）グレゴール・ヨハン・メンデル（1822-1884）

（提供：メンデル博物館。長田敏行博士のご厚意による）

（右）フランシス・ゴールトン（1822-1911）

https://commons.wikimedia.org/wiki/File:Francis_Galton.jpg (Public domain)

ブルノ（当時はオーストリア帝国の一部）にある修道院に所属して、エンドウを用いた研究を始めました。エンドウは品種改良によりさまざまな形質の品種がつくられており、人工授粉による交配実験がしやすい植物だったのです。ここでの研究により、後の、優劣の法則、分離の法則、独立の法則からなる遺伝の3法則の発見につながる重要な現象を見出したのです。メンデルはこの研究成果を論文にまとめて発表しましたが、残念ながらあまり評価されず忘れ去られていました。遺伝の3法則はメンデル没後の1900年になって、ド・フリース（Hugo de Vries）、コレンス（Carl Erich Correns）、チェルマック（Erich von Tschermak）らにより再発見され、後に「メンデルの法則」と呼ばれるようになりました。またメンデルは、この法則による遺伝学への貢献がたたえられて「遺伝学の祖」と呼ばれるようになったのです。

このメンデルの法則は、エンドウマメの色や形などに関する形質の変異が、特定の遺伝子（遺伝因子）により決定されていることを示すものでした。そのあまりにも明快な法則性は、他の多くの形質に対しても一般化できるのではないかと研究者を大いに刺激しました。そうした中で、行動形質もメンデルの法則により説明できるのではないかと期待されたのです。

同じ年に生まれたもう一人の著名な遺伝学者はゴールトン（Francis Galton: 1822-1911）です（図1・1右）。彼はダーウィン（Charles Darwin: 1809-1882）のいとこで、1859年に発表された『種の起原』に大きな刺激を受けて、進化の理解に不可欠な遺伝の問題に統計学的な手法で取り組むことになります。メンデルは、形質に関して「現れる」「現れない」という分類を行い、それに対する遺伝現象を説明するために明確な遺伝因子を仮定しました。一方、ゴールトンは、集団中にみられる形質を生物測定学により数量化して比較する統計的手法を用いました。また、1869年に著した『天才と遺伝』"Hereditary Genius"では、社会的な成功を収めた著名人100人を選びだし、その家系の近親者において著名人がどの程度の割合で見られるか調査をしました。その結果は興味深く、最初に選び出した100人の著名人の親や子供などの遺伝的に近い親族では社会的に成功を収めた著名人が高い頻度で見られて、曾祖父やひ孫などのように血縁が遠くなると著名人の頻度は低くなりました（図1・2）。このことから、血縁の濃さが「著

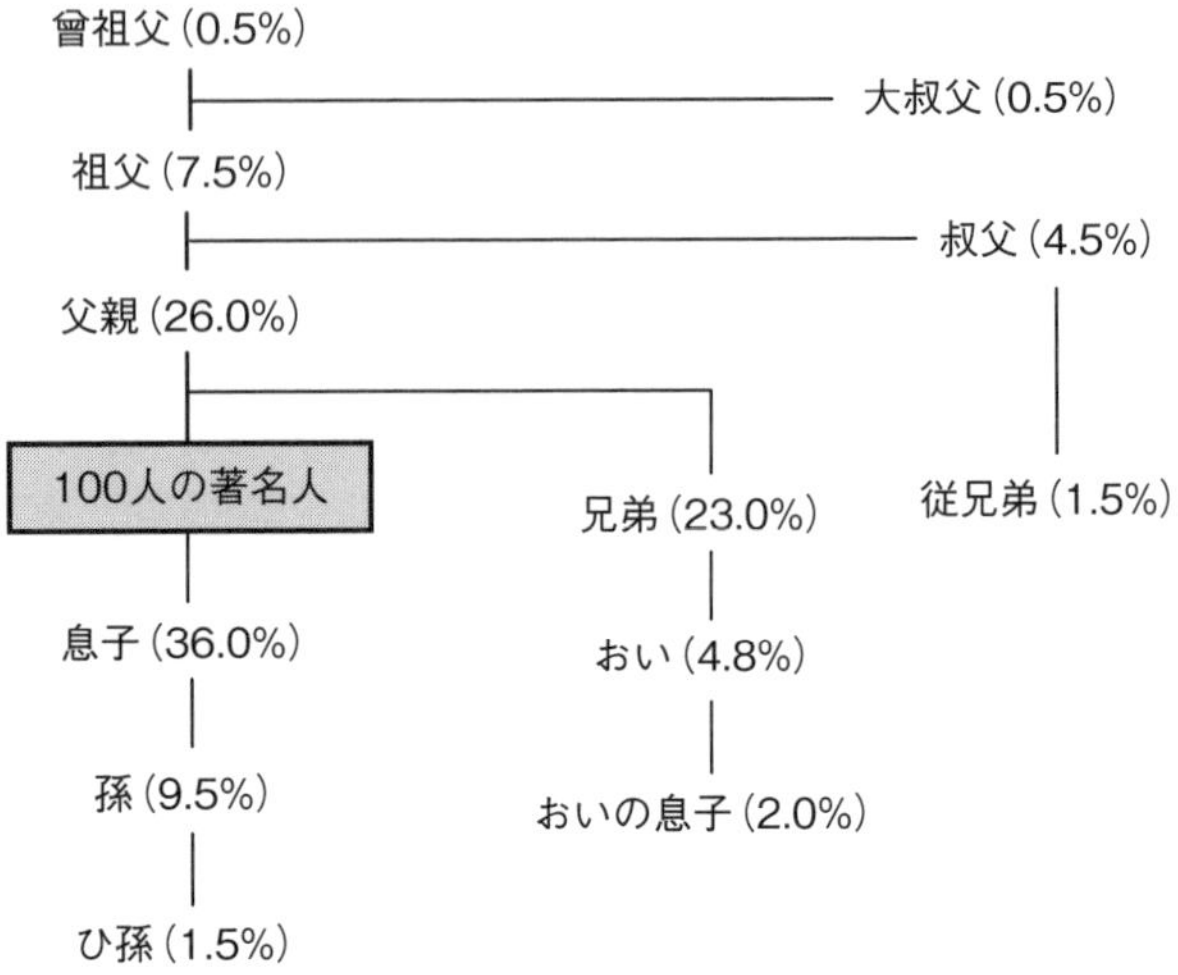

図 1·2　100 人の天才の家系における著名人の出現頻度

ゴールトンは天才として名高い 100 名の著名人を選び出し、その家系をたどり、同様に著名人がいるか調べた。図では血縁に対応した著名人の頻度を示す。しかし、この調査においては、近親者が著名人の家系で生活することによる環境の影響を考慮しておらず、純粋に遺伝の影響を見ているとは言えない。

名人になるかどうか」に大きく影響していると報告したのです[1-2]。もちろんこの研究では、著名人の家庭においては良い教育を受けるチャンスが多く、成功者の七光りもあることから、近親者が社会的成功のために有利な職に就きやすく成功を収めやすい環境にあることは考慮されていません。しかし、「人が社会で成功するための能力」のような捉えにくい形質の一つに焦点をあてて、その形質と遺伝との関係を示そうとした試みは当時斬新であったと言えるでしょう。

そのような興味深い研究成果の一方で、ゴールトンは後の彼の負の評価につながることもしています。彼は、ヒトの行動や能力といった形質が遺伝の影響を受けることから、家畜などの動物でみられる品種改良と同じような人為選択がヒトでも可能であると考え、優生学という研究分野を生み出したのです。彼自身はその実践には慎重だったものの、この考え方はその後、各国で優生思想を暴走させることにつながり、産児制限や隔離政策をはじめ、極端な例ではナチスによる人の淘汰など、人類史上あってはならないような大きな過ちにつながりました。このことにより、ゴールトンは彼の死後、長く負の評価を受けることになったのです。先のメンデルは、生前はあまり評価されることなく過ごしたものの、没後に「遺伝学の祖」として高く評価されました。それに対しゴールトンは、生前は彼の関わった統計学の重要性が広く認識されるようになり社会的な名誉まで手にしたにも関わらず、没後は「優生学の生みの親」として厳しく非難されるようになったことは、メンデルの場合と対照的といえるでしょう。

3　双生児研究における遺伝要因と環境要因

ゴールトンは、他にも多くの興味深い研究をしています。その一つは双生児に着目した研究です。彼は、行動や性格の形成と遺伝的要因の関係を知るうえで、双生児が重要な情報をもたらしてくれると考えたのです。ゴールトンは、非常によく似ている男性の双子兄弟やその近親者にアンケートを送り、どの程度二人が似ているのか答えてもらいました。80組に及ぶ双子の回答から、よく似ている双子では、同時期に病気になる傾向があり、二人が同じように発言することもよくみられ、同じ歌を歌うことも珍しくないなど、数多くのエピソードが集まったのです。この結果は、よく似ている双子の性格や行動は遺伝的要因により影響を受けていることを示すために役立ちましたが、その手法は研究としてはまだ不完全なものでした。何よりもエピソードを集めただけでは客観的ではありませんし、定量的でもありません。しかし、その後多くの研究者により大規模な双生児研究が進められることで、より詳細に行動や性格と遺伝的要因との関連が示されてきたのです。

双子には一卵性双生児と二卵性双生児があります。一卵性双生児は、受精後の卵割の初期に何らかの原因で胚が二つに分かれることで、まったく同じ遺伝子をもっていながら二人の人としてこの世に生を受けた人たちです（図1・3）。そのため、遺伝的クローンともみなされます。一方で、二卵性双生児は、異なった未受精卵が独立に受精し、その二つの胚が同じ時期に着床して発生したもので、遺伝的組成はお互い通常の兄弟と同程度の違いをもちます。双子が生後ずっと同じ家庭で生活している場合には、環境からの影響はかなり似ていると考えられます。一卵性双生児が似ていない部分は、その個人が生後に経験した個別な体験で生じていると考えられて、その

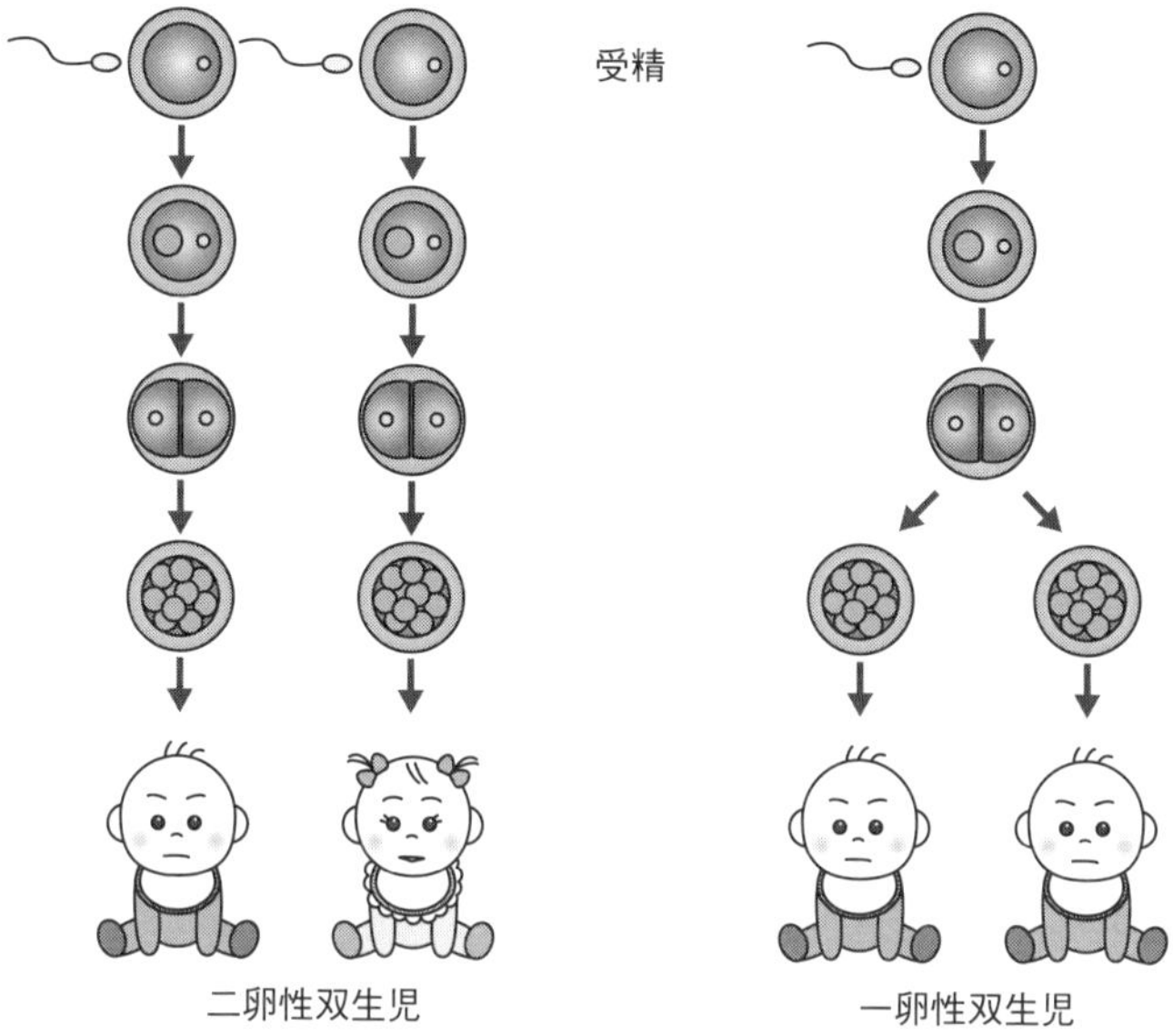

図 1·3　一卵性双生児と二卵性双生児
一卵性双生児は一つの受精卵が分かれて発生するが、二卵性双生児は別々の受精卵より発生する。これにより、二卵性双生児は通常の兄弟と同程度の遺伝的差異を有する。

程度は二卵性双生児でも同程度影響していると期待されます。したがって、一卵性双生児や二卵性双生児において性格がどの程度似ているか、また精神疾患や発達障害がみられるかどうかなどに関して、一卵性と二卵性の双子間で似ている程度を比較してその差分を出すことで、遺伝的要因の寄与率がわかります。

このような双子研究は、日本も含めて世界中で繰り返し大規模に行われてきました。これらを総合すると、大うつ病における遺伝的要因の寄与率は全体の要因の中で40%、双極性障害は60~85%、統合失調症は70~85%、自閉症スペクトラムは90%に及びます（図1・4A）[1-3]。また、性格にはビッグファイブと呼ばれる5つの因子があることが知られていますが、それらについても遺伝的要因の寄与率が調べられています。5つの因子とは、「外向性」「神経症傾向」「誠実性」「調和性」「開放性」です（表1・1）[1-4]。これらの性格に関する因子の遺伝的要因の寄与率は、どの研究でもおおよそ似た値を示しており、一

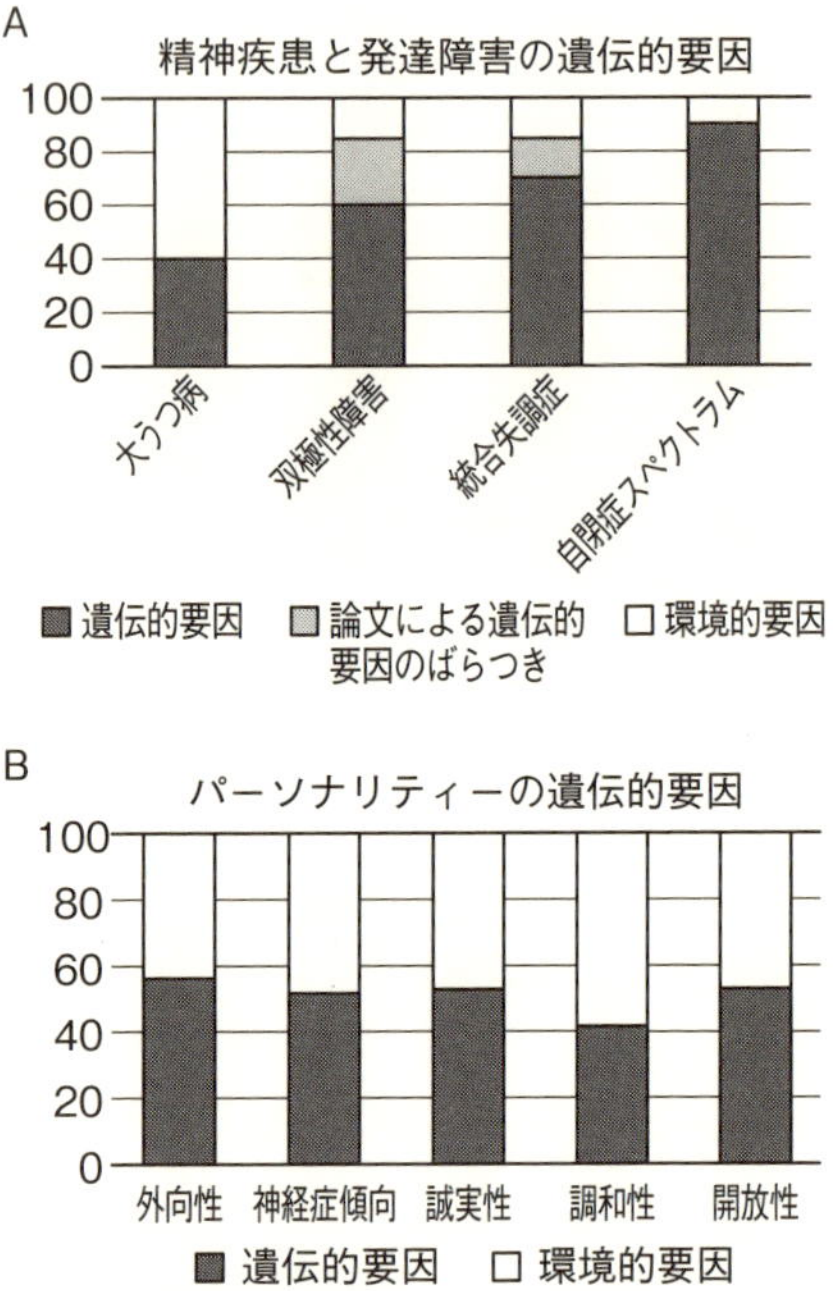

図1·4　双生児研究から算出された精神疾患と発達障害およびパーソナリティーに関する遺伝的要因の寄与率

濃い灰色は遺伝的要因、薄い灰色は論文による遺伝的要因のばらつき、白抜きは環境要因による効果を示す。

表1·1　性格に関するビッグファイブ因子とその特徴

性格の因子	それぞれの因子のおおまかな特徴
外向性	外向性が高い場合は、社交的で人との関係をもつことが多く、温かく接することができて、さまざまなものに対してポジティブな感情を抱き活動的ですが、刺激を求めて危険を冒す傾向もあります。逆に外向性が低い人は、慎重な傾向が強くなって一人で過ごすことが多くなり、感情的にも起伏が少なくなります。
神経症傾向	神経症傾向が高い人は、生活するうえでさまざまなストレスに対する感受性が高く、不安傾向が高くなりやすい傾向があると同時に、自意識は高く、社会的な劣等感などから混乱しやすい傾向があります。逆に神経症傾向が低いと、他人と友好的な関係を築くことができて、気分も安定して穏やかになり、ストレスへの感受性が低く、さまざまな状況に冷静に対処できます。
誠実性	誠実性が高い場合は自己管理ができて、物事に集中してあたることができ、自分の目標をしっかりと立て、順序立てて物事を進めることができます。倫理的で規則を順守します。逆に誠実性が低いと、自分の目標を立てるのが苦手で、衝動的で不注意な行動や非倫理的な行動を起こす傾向が強くなります。物事の段取りが苦手で、集中力に乏しく、ハードワークが苦手です。
調和性	調和性が高いと、人を信頼し共感することができて振る舞いが誠実になり、他人のために行動することができるとともに、他人との関係で安定や調和を大事にして寛容な性格になります。逆の場合は非協力的で敵対的な傾向が出てきて、懐疑的になるために、他人とは一定の距離をとるようになり、自分の利益を優先するようになります。
開放性	開放性は知的好奇心ともよばれ、さまざまな物事に興味を示す傾向を表しています。開放性が高いと、新しい知識や美を追求することができ、論理性よりも情感を重要視して、自由な発想やユニークなアイデアが得意になります。逆に開放性が低いと、現実的で保守的な傾向が強くなり、習慣や規範を重要視して、生活のパターンを変えるのが苦手になり、対人関係においては、場の雰囲気を読んだり、柔軟な発想に理解を示したりするのが苦手になります。

例をあげると外向性は56％、神経症傾向は52％、誠実性は53％、調和性は42％、さらに開放性は53％と、いずれも50％前後の寄与率を示すことがわかっています（図1・4B）[1-5]。このように、集団中の表現型の分散値と遺伝的関係性から算出された結果は、性格の形成においてもかなりの遺伝子の効果があるということを示しているのです。

しかし、これらの結果は、遺伝的な要因がどの程度これらの表現型に関わっているかを示していますが、実際にどのような遺伝子が関わっているのか、遺伝子の数はいくつぐらいあるのかなど、具体的なことはまったくわかりません。そこで、行動に関わる遺伝子に関する研究が重要になってくるのです。

4 行動遺伝学におけるマウスの重要性

行動と遺伝子の関係を調べるために、さまざまな生物種を用いて研究をすることができます。神経回路やそこでの神経活動がどのように行動を制御しているか調べることが目的なら、体をつくる細胞系がマウスよりシンプルなモデル生物を用いることができます。一方で、ヒトの精神疾患や発達障害の原因についてはヒトで研究をしたいという研究者も多いでしょう。また、もしヒトで直接研究できないのであれば、より神経系や体のつくりが似ている霊長類に属するコモンマーモセットなどの霊長類に属するモデル動物を使って研究をしたいという考えもあるでしょう。そこで、研究の目的やアプローチの仕方に応じて適切な生物種を選択して、そこで得られた情報を活用してさまざまな問題に取り組むことも必要になります。

マウスはヒトのモデルとして幅広く研究に活用されており、行動遺伝学において最もよく使われてきた動物種と言っていいでしょう。マウスとヒトは、ともに哺乳類に属し、受精した卵は子宮に着床後は胎盤を通して母体から栄養を得て発生を続け、出生してからは母親から授乳されて成長します。からだ全体の形態は大きく異なっているようにみえますが、解剖学的にみていくと、発生過程をはじめ、骨格、内臓、血液、内分泌機能、免疫機能など、全体的には多くの共通点を持っています。

行動においては、マウスもヒトも視覚、聴覚、嗅覚、味覚、痛覚などを持ち、外部の環境からの共通の刺激を知覚することができます。また、マウスはヒトと同様に初めての場所で不安を示しますし、報酬を得るための学習をすることもでき、さらに他個体に対する親和性や攻撃行動などの社会的行動も示します。

そうしたヒトとの共通点を持ちながら、体重は20～30グラム、寿命は1～2年、妊娠期間は19日で、メスが生まれてから次の世代を出産するまでは最短で2か月、通常3か月程度です。

このようにマウスは、行動と遺伝子の関係に関する研究を行う上で多くのメリットを持ちながら、人との共通点も持ち合わせています。マウスを行動遺伝学の研究に用いることで、人の行動や性格がどのように遺伝子の影響を受けているのか理解することが可能になりつつあるのです。

2章　マウスの生態と分布

マウスを行動遺伝学に用いる上で、そのマウスとはどのようなものなのか詳しく知る必要があります。この章では、野生のマウスがどのようなものか、そして人とどのように関わってきたのかを見ていきましょう。

1 野生マウスの生態

本書で主に取り扱う動物はマウスですが、英名のマウス（mouse）はネズミ科の多くの種を含めた呼び名です。しかし、研究上一般的にマウスというとハツカネズミ（*Mus musculus*）を指します。したがって本書では、特に説明がない限りはマウスといえばハツカネズミを指しているものとします。ただ、野生のマウスの説明の際にはハツカネズミと表記することにします。

野生のハツカネズミの生態はそれほど詳しくわかっているわけではありません。俊敏で隠れて生活しているのに加え、夜行性のため、人の目につきにくく、その活動を目にする機会はほとんどありません。それでは、ハツカネズミは通常どのようなところで生活しているのでしょうか？

野生における生活の場所を調べることはなかなか難しいものですが、グアム島でハツカネズミの生息場所を調べた研究が報告されています。これは、ベーカー（Rollin H. Baker）が第二次世界大戦終わり頃、1945年の5月から10月の間に調べた記録です[2-1]。その報告によると、グアム島において、ハツカネズミは人の住居近くと野生環境の両方で認められました。村や軍事施設などの住居近くでは、当然ではありますが、食べ物が得られる場所の近くで多く見つかっています。一方、住居付近以外でみられるハツカネズミは、草原や火山地帯に典型的な、低木の茂みなどに生息していました。また、ココナッツ林などでも捕獲されていますが、原生林などではハツカネズミはほとんどみつからなかったようです。つまり、比較的開けた場所を好み、森林の奥深くにはあまりいないようです。また、平地ではあまり見つからず、高台の水はけの良い草地で見つかることが多かったようです。これは、雨天でも巣穴に水が入り込みにくいように工夫しているからでしょう。

少し遅れて1962年に、日本においても野生ハツカネズミの生息状況の研究が行われています[2-2]。九州大学医学部の浜島房則は、野生ハツカネズミが人間社会と深い関係にあることから、その生態を明らかにすることが農学および医学の観点から重要であると考えて研究を行いました。浜島は、生息場所を調査するために、福岡市の都市家屋、農家および水田、演習林、埋立地、松林、砂浜、草地などで調査をしました。この研究では、一年を通してハツカネズミの生息と繁殖の状況について調査しています。

この研究でわかったことは、先のベーカーによる報告と共通していますが、ハツカネズミは家屋内から原野に至るまで広く生息しているということです。家屋に生息している場合には、その餌は台所などで得られる人間の食用に使われるものに依存しています。農家においては、家屋はもちろんのこと、蔵や納屋などでも捕獲され、堆肥や積載物の下などにも巣穴をつくっていました。また、家屋内での繁殖は通年にわたってみられ、春と秋は特に繁殖が多くみられたようです。

一方、屋外においては、野菜畑や水田近くなどでもハツカネズミが見つかっています。さらに、雑草の繁茂する荒れ地や林の中でも捕獲されています。こうした野外においては、繁殖が春と秋に多くみられ、夏場と冬場にはあまり繁殖していないことがわかりました。より環境の厳しい野外では、温度が快適で餌が豊富に得られる春と秋に限って繁殖することで、より生存チャンスを高めているのかもしれません。

このように野生ハツカネズミは、人家や納屋の中、その周辺の耕作地域、さらには人の住む地域とは離れた荒れ地や林の中などでも生息し、多様な環境に適応しているようです。

しかし、こうしたハツカネズミも近年はクマネズミに生息地を追われ、個体数が激減しているともいわれています。多様な環境に適応できるハツカネズミも、生息地が似ている他種との生存競争では負けているのかもしれません。

2　半野生環境でのマウスの行動

夜行性であるハツカネズミの行動を直接見ることは難しいため、前項で述べたように、どうしても巣をつくる場所などを手掛かりに生態を推測するにとどまります。しかし、もっと詳しくマウスの行動を実際に自分の目で見たいと思い、それを実行した人物がいます。

イギリスのクロークロフト（Peter Crowcroft）は、英国農業水産省で、げっ歯類による農業被害を防ぐための対策や研究を行う部門で公務員として仕事に従事していました。彼は自らいくぶん変わった人物であると述べていますが、げっ歯類であるハツカネズミによる被害への対策を練るには、まずハツカネズミについてよく知ることが重要であると考えたのです。

彼は、いろいろと手を尽くして探した結果、ロンドン郊外の空軍演習場にあった、爆撃のための練習目的でつくられた建物を借りることができました。その建物は周囲をコンクリートで囲まれ、中は床面が約6メートル四方の広さで壁に囲まれた部屋になっており、少し高い位置につくられたドアがついていて、ハツカネズミが逃げにくいつくりになっていました。さらに具合の良いことに、上にあがったところには1階部分を覗く穴がついた台が設置されていたのです。これは本来、標的に爆弾を的確に落とすための練習に用いられていたものですが、クロークロフトにとっては、1階に放したハツカネズミに気づかれずに観察するのに非常に適したものだったのです。

この建物の中の1階の床に、巣や仕切りを組み合わせて、さまざまな形の構造物をつくり、そこに放されたハツカネズミの動きを、場合によっては双眼鏡も使い、あるいは1階のフロアーで直接観察しながら行動を記録したのです。

単独のハツカネズミをこの部屋に放して観察したところ、その個体は全体を実にくまなく探索していることがわかりました。たかだか数十センチの飼育ケージの中で見せるマウスの行動とは異なり、6メートル四方の部屋でさえも狭すぎるほどの活動範囲だったのです。さらに、餌が部屋内のいたるところにあるのであれば、一つのところで食べるのではなく、いろいろな場所で食べては移動する傾向もありました。

また、これほどの広さの部屋でさえ、複数のオスが同居すれば出会った最初から激しい攻撃行動がみられ、複数のオスの間では社会的な順位も形成されていました。一般には、先に居住していたオスの方が、後から部屋に入れられたオスよりも上の順位に立つ傾向がありました。しかし、攻撃行動は激しいために、たまたまけがなどをすると、容易に順位が入れ替わって下位になることもわかりました。また、上位のオス個体からの攻撃を受けた際に、うまく逃げることができないと、劣位の個体が殺される場合もあったそうです。一方で、メスはオスと同様に広い範囲を探索するものの、複数のメス個体がいても攻撃行動はほとんど見られず、出会ってしばらくすると一緒に生活するようになったそうです。こうしたことから、ハツカネズミのオスは、自分が生活する場所に他のオスが入ってくることを好まない一方で、メスは他のメス個体とも容易に同居できることがわかったのです。この環境は飼育下と野生との中間の状況であることから、ここでみられた行動は野生での行動にもあてはまるものだと考えられます。

3 マウスの地理的分布と亜種分化

先の野外での生態調査のところで述べたように、ハツカネズミは多様な環境で生息できるようですが、特に人の住む場所の周辺を好むようです。それは、穀類や堆肥、さらには藁《わら》などの巣づくりに適したものが多く手に入るのに加え、屋内など、年間を通じて快適に過ごせる場所が多く見つかることもその要因でしょう。したがって、ハツカネズミは古くから人の住む場所の近くで生息しつつ、人の移住に伴い世界各地に移動していったようです。

現在、野生のハツカネズミ（*M. musculus*）は世界各地に生息しています。種としての起源は数百万年前、今のインドや中東がある地域と考えられていますが、その後は爆発的に繁殖と移動を行い、人と共に現在のような世界の隅々にまで生息域を拡大したと考えられています。本来野生マウスはヨーロッパからアジアにおよぶユーラシア大陸に広く分布していましたが、アメリカ

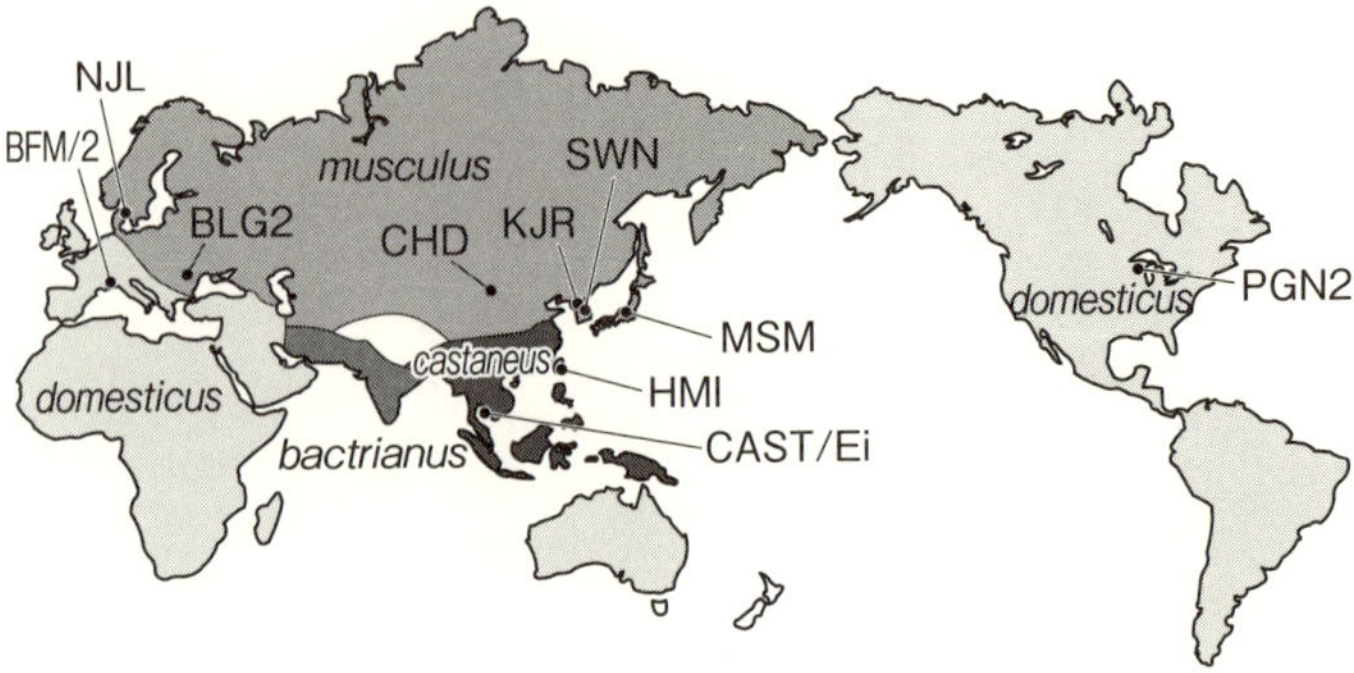

図 2·1　亜種の分化と地理的分布
亜種の一つバクトリアヌスが生息するインド・中東地域がマウスが出現した地域だといわれている。
domesticus: ドメスティカス亜種、*musculus*: ムスクルス亜種、*castaneus*: キャスタネウス亜種、*bactrianus*: バクトリアヌス亜種

大陸やオーストラリア大陸、アフリカ大陸中部および南部には分布していませんでした。このように分布が限定されていた理由として、第一に、アメリカ大陸やオーストラリア大陸が、ユーラシア大陸とは海により隔てられていたことがあげられます。次に、アフリカ大陸のように南北に広い場合には、南と北で気候の違いがあまりにも大きいために生息域を広げにくいことがあげられます [2-3]。したがって、比較的同じような気候の地域が東西に広く続くユーラシア大陸は、ハツカネズミが移動しながら生息域を拡大するのに適していたのでしょう。

インド・中東地域を起源とするハツカネズミは、ユーラシア大陸を北へ、あるいは

西方や東方へと移動しながら遺伝的に異なった多様な亜種へと分化をとげていきました。分類学で示された亜種分類では、ハツカネズミは非常に多くの亜種に分けられます。しかし、これらの分類学で報告されている亜種分類は、遺伝的な近縁関係について何も考慮されておらず、さらに遺伝的にほぼ同じ亜種も別亜種に分類されていたりして、混乱のもとになっていました。その後、遺伝学的な特徴の解析が進むのに伴い、ハツカネズミを大きく三つの亜種グループに分けることが提案されています（図2・1）。西ヨーロッパを中心に生息し、現在ではアメリカ大陸、アフリカ、オーストラリアへと生息域を拡大したドメスティカスグループ、北欧と東欧から東アジアまで幅広く生息するムスクルスグループ、東南アジア地域に生息するキャスタネウスグループです[2-4]。これら以外に、インド・中東地域に生息して、遺伝的に多様性に富むバクトリアヌスグループが加えられることもあります（図2・1）。

また、日本産のハツカネズミはモロシヌス亜種（*M. m. molossinus*）として区別されることもあります（コラム1）。これらの亜種グループは、さらに生息する地域ごとに多様な地理的分化をとげ、多くの分類学上の亜種へと細分類されているのです。

図2·2　モロシヌス亜種のハツカネズミ
（撮影：水品洋一氏）

コラム1

日本産のハツカネズミはモロシヌス亜種として知られています（図2・2）。モロシヌス亜種は体が小さく、ヨーロッパ産のドメスティカスグループと比較すると体重が半分程度しかありません。遺伝的には、ムスクルスグループに含まれ、韓国産の野生ハツカネズミと近縁であることがわかっています（3章コラム3および図3・2参照）。興味深いことに、モロシヌス亜種はムスクルスグループとキャスタネウスグループとのハイブリッドであることがわかっています。東京都医学総合研究所の米川博通らは、日本産ハツカネズミを含めたさまざまな野生ハツカネズミの遺伝的特徴を解析しました。その結果、日本北部の地域のハツカネズミにおいては、キャスタネウスグループからの遺伝的流入の痕跡がみられることを示しました。

4　マウスと人との関わり

野生ハツカネズミは人の住む環境をうまく利用しながら世界各地に生息を広げてきたようです。そうすると、たまたま捕まえたハツカネズミをペットとして飼育しようとした人も多く現れたのでしょう。そのようにしてハツカネズミは人にとって身近な存在になっていきました。

定延子という人物が江戸時代の天明7年（1787年）に著した『珍玩鼠育草《ちんがんそだてぐさ》』[2-5]という本は、ネズミの飼育方法を紹介するとともに、珍しい変わり種（突然変異体）についても紹介しています。また、そのような変わり種を次世代に残すための交配方法を、遺伝のしくみのようなもので説明しようとしています。たとえば、「目赤き白鼠に熊ぶちの牡鼠を合すときは、則ちまっくろの子いづるなり。是を妻白とも又、くぐりともいふ」と記述してあり、これは、劣性[注1]変異であるアルビノ変異ホモ接合体と、やはり劣性変異である熊ぶち（*piebald*：3章4節参照）のホモ接合体を交配するといずれの変異もヘテロ接合になり、黒色の毛色になることを示しています[2-7]。

この本の出版された年がメンデルの遺伝法則が再発見されるより100年以上前であることを考えると、驚きに値します。『珍玩鼠育草』の中では、日本における愛玩用マウスの起源についても触れられています。それによると、承応3年（1654年）の秋に中国から隠元禅師が渡来された際に、一対の黒目の白ネズミを持ち込まれたと記述されています[2-8]。隠元禅師は京都の宇治に黄檗山万福寺を建立した僧ですが、インゲンマメを日本に伝えたことでも知られています。

注1　劣性遺伝と優性遺伝をそれぞれ、潜性遺伝と顕性遺伝と呼ぶことが提唱されました[2-6]。しかし、まだその使用が定着していないことから、本書ではそのまま劣性遺伝と優性遺伝という表記にしました。

図2·3 『珍玩鼠育草』に示されているヒトになついたネズミとさまざまな変異体（文献2-5より）

隠元禅師が黒目の白ねずみを日本に伝えたのが本当であるかどうか定かではありませんが、古く中国から愛玩用マウスが持ち込まれたということは広く信じられているのです。中国と日本とはこうした愛玩用マウスの歴史においても深いつながりがあるのでしょう。

先に述べたように、『珍玩鼠育草』ではさまざまなネズミの突然変異体について紹介しています（図2・3）。黒目の白ネズミにはじまり、ぶち（斑）模様や、ツキノワグマに似たような黒地に喉元の白い模様などの毛色変異、からだの小さなネズミなどについて記述されています。ただし、『珍玩鼠育草』の解説を書いている寺島俊雄も述べているように、この『珍玩鼠育草』ではラット（ドブネズミ）について書いているのかハツカネズミについて書いているのかあいまいな点も多くみられます。稚児が手のひらにネズミを載せている絵をみれば、明らかにハツカネズミであるし、舞いネズミについて触れていることをみてもハツカネズミと思われます。一方、大きなネズミと小さなネズミについて書いた絵をみると、ラットとマウスの両方について触れているようにも見えます。また、いくつかの絵は、ハツカネズミというよりはラットを描いた絵のようにも見えます。このような点を考慮すると、この本を書いた際には、ハツカネズミとラットの違いを明確にせずに、ネズミとしてひとくくりにして紹介していたとも考えられます[2-8]。実際、文章の中には棚ネズミとして、やはりラットの仲間であるクマネズミについて紹介していると思われる文章もあり、このような古い文献については慎重な解釈が必要となるでしょう。

先にも少し触れたように、『珍玩鼠育草』の中には舞いネズミという紹介がありました。キーラー（Clyde E. Keeler）によると、中国ではこの舞いネズミの記述は紀元前80年にすでにあるようです[2-9]。ハツカネズミと人との付き合いは随分長いことがわかります（舞いネズミについては、5章3節を参照）。

このように、日本や中国ではハツカネズミは身近な動物として人々に親しまれてきました。干《え》支《と》は子《ね》年から始まることなど、身の回りのさまざまな場面でネズミは登場します。また古くからネズミは大黒ネズミとして、富をつかさどる神の使いとして大事にされてきました。大黒ネズミはラットですが、ネズミが人と深いつながりがあることの良い例といえるでしょう。

一方、欧米ではネズミの立場は随分異なっているようです。そもそもヨーロッパの国々の言語で使用されているハツカネズミの名前〝mouse〟は、ラテン語やギリシャ語の〝mus〟を介して、さらにサンスクリット語の〝mush〟に行き着くと考えられています。この mush はハツカネズミにとって大変不名誉なことに「盗み」という意味であり、ずいぶんひどい名前をつけられたものです。この名前は、穀類などが貯蔵されている場所にネズミが多く見られることからつけられたのでしょう。また、ヨーロッパ諸国では、ペストなどの病気が流行する際にネズミがおおいに繁殖していることも知られています。また、キリスト教ではネズミは魔女の仲間として扱われていますし、さらに古くさかのぼると、アリストテレス（紀元前３００年）は、ネズミが家や船の中の汚物から自然発生すると記しています。ネズミの扱いがあまりにもひどすぎることを感じていただけるのではないかと思います。

このように、東洋、特に日本や中国とヨーロッパとの間では、ネズミに対する見方や接し方がかなり異なっていたようです。ネズミは時として保存されている穀物を荒らす厄介者ではあるものの、日本人や中国人は文化的にネズミに対してある種の愛情と親しみを抱いていたと言えるでしょう。良きにつけ悪しきにつけ、人とマウスは生活のさまざまな面で関わってきたのです。そのような身近な動物であるがゆえに、研究においてもマウスが早くから用いられることになったのでしょう。

3章　実験動物としてのマウス

人にとってなじみ深いマウスを積極的に使って研究に用いるようになったのは、1900年に入ってからになります。それ以降、研究者たちは近交系統を樹立し、系統の特徴を明らかにして、研究に用いる実験動物として開発していきました。この章では、そのような先駆的な研究者たちの膨大な努力の跡を、駆け足で振り返ってみましょう。

1 実験用マウス系統の起源

実験用マウスの歴史は、ラスロップ（Abbie Lathrop）女史までさかのぼることになります[3-1]。今日のマウス研究に関する本で、実験用マウスの由来を記述する部分は、ほとんどがラスロップから始まります。この女性はマウス遺伝学に非常に大きな貢献をしたと言えるでしょう。

メンデルの法則が再発見された1900年代の始まりの時期に、ラスロップは米国マサチューセッツのグランビーで愛玩用マウスの繁殖をしていて、それを販売したり、大学の研究者に供給したりしていました。その供給先には、ボストンのバッシー研究所のキャスル（William E. Castle）と彼の学生だったリトル（Clarence C. Little）や、ペンシルバニア大学のローブ（Leo Loeb）ら、マウス研究の草創期の面々が名を連ねています[3-2]。ラスロップ自身、交配などを通じて彼らの研究に参加していたようで、彼女のマウス集団の中で出現した腫瘍の研究に関して、ロープとの共著論文も発表しています[3-3]。この論文でラスロップらは、日本産の「舞いネズミ」(Japanese waltzing mouse)(5章3節参照)で出現した腫瘍は、同じ日本産舞いネズミには移植できるが、他のマウスには移植できないことを示しました。その後ティザー(Ernest E. Tyzzer)は、腫瘍移植の受容の少なくとも一部には、遺伝的要因が関与していることを示したのです。さらにリトルとティザーは共同研究により、腫瘍移植の拒絶と受容に関わる遺伝学的見地からの説明も発表しています。

このような一連の研究から、リトルは遺伝的に均一な系統を樹立することの必要性を考えるようになりました。このアイデアから作出された最初の近交系統が、今日でも研究で使われているDBAです。近交系統は、最低でも20世代以上兄妹同士の交配をすることにより樹立されますが、このような多くの世代にわたる近親交配により、20世代目でゲノム上の98・7%の遺伝子座がホモ接合になり、系統内での遺伝的なばらつき(個体差)は基本的になくなると考えられています。つまり、同系統のすべての個体が、性別の違いを抜きにすれば、ほぼ遺伝的クローンともよべるものになるのです。こうして腫瘍の発症と遺伝的要因の関連を調べることの重要性が認識され、リトルはさらに今日のスタンダードな近交系統のもとになるC57も樹立しています。続いて、ストロング(Leonell C. Strong)は精力的に、C3H、CBA、Aなどをはじめとした多数の近交系統を樹立し、腫瘍の発症率が系統間で明確に異なることを示すことに成功しています。

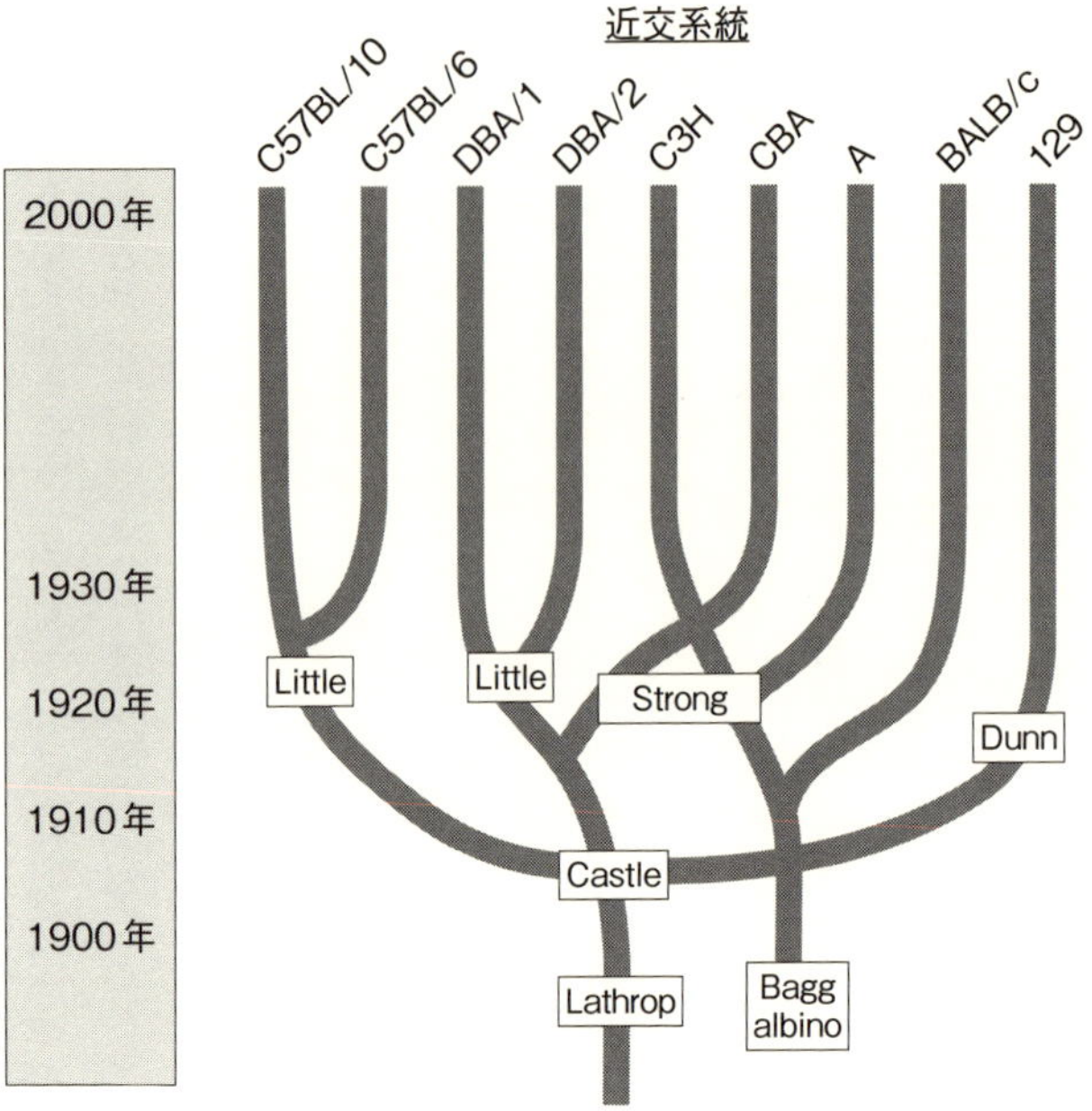

図3·1　さまざまな実験用系統とその由来
（文献3-4より改変）

今日実験用系統とよばれるこれらの近交系統は、すべてヨーロッパ産のマウスの遺伝的特徴を持つことから、当時維持されていたヨーロッパ産の愛玩用マウスをもとに作出されたと考えられています。これら多くの系統の樹立に大きく貢献したのが、ラスロップの維持していたマウス集団だったのです（図3・1）。

こうした近交系統の作出は、キャスルの輩出した弟子たちが成し遂げたものですが、他にもキャスルの指導を受けた研究者は、行動遺伝学のキーラー、量的形質遺伝学のライト（Sewall Wright）やサウィン（Paul Sawin）、発生生物学のダン（L.C. Dunn）、免疫組織適合性の研究を展開したリトル、マクドウェル（E.C. MacDowell）、ストロング、ロー（Lloyd W. Law）、スネル（George D. Snell）らがいます。スネルは後にH-2コンジェニック系統の育成を行って、それらを免疫学に利用した功績によりノーベル生理学・医学賞を受賞しています。さらにそれぞれの研究者たちが輩出した孫弟子たちも含めると、非常に多くの研究者がマウス研究の分野で活躍してきたのです。リトルは1929年にジャクソン研究所を創立して初代所長に就任しましたし、彼の孫弟子であるグリーン（Earl Green）が第2代の所長になりました。「キャスルファミリー」は今日にも続く実験動物としてのマウスの研究、特に遺伝学の礎を築いたと言えるでしょう。

2　実験用マウス系統とはどのようなものか

マウス近交系統は1909年にDBA系統が樹立されて以降多数つくられ、1998年には478種類の近交系統が報告されています（コラム2）。近交系統は行動において遺伝的影響がどの程度あるのか調べるために有用です。系統内で表現型を調べることは、繰り返し遺伝的同一個体を解析することであり、系統間で表現型を比較することは、遺伝的に異なる個人個人を比較するのと同様の意味を持つと考えられます。そこで、このような近交系統を多様性や個人差のモデルとして解析しようとする試みが行われてきました。系統間比較においては、表現型の系統内でのばらつきは確率的な要因や環境要因などにより生じ、系統内でのばらつきを超えた系統間での差は、遺伝的な影響により生じると期待されます。このように、系統間比較は、行動への遺伝的効果を解析する上で重要なアプローチになるのです。

マウスにおいては、このような多数の系統について、行動の系統差を解析する試みが数多く行われてきました。マウスにおける表現形質の系統差をまとめたデータベース（ＭＰＤ）（http://phenome.jax.org/）もつくられており、さまざまな行動テストにより得られた各系統の特徴を調べることが可能になっています。こうしたデータベースから、研究者が興味を持つ表現型に違いを示す系統を探し出し、遺伝解析などを速やかに行うことが可能になってきているのです。

コラム２　実験用マウス系統の特徴

実験用系統は今日さまざまな目的で使用されています。その系統の特徴を理解しておくことは研究を進める上で重要なポイントになります。以下に代表的な実験用系統とその特徴を紹介しましょう（図３・１も参照）。

代表的な実験用マウスの系統 ①

実験用マウス系統	特徴
C57BL/6	長い名前を略して一般にはB6とよばれています（以下B6）。最も代表的な実験用系統で、最初に全ゲノム配列の解読が行われたのもこの系統です。ジャクソン研究所の研究者だったレーン（Priscilla Lane）はB6を「最良のマウス（the mouse of choice）」とよんでいるように、繁殖が容易で扱いやすいマウスなのです。黒色の毛色（ノンアグーチ）を有し、行動では新しい場面での低い不安を示して高い探索行動をするのが特徴で、アルコールに対する高い嗜好性を示すことでも知られています。$Cdh23^{ahl}$変異をもつため、加齢にともない聴覚異常を発症し、10か月齢以降では聴覚が減弱します。複数の個体を同居させると、性成熟後はバーバリングという他個体に対する過剰な毛づくろい行動を示すため、脱毛をした個体が多く観察されます。
DBA/2	リトルが1909年に近交系統としてはじめて樹立したDBAの亜系統で、ノンアグーチ（*a*）に加えて、ブラウン（*b*）、ダイリュート（*d*）の遺伝的変異を有するため淡褐色の毛色を示します。B6と同様に$Cdh23^{ahl}$変異を有するのに加え、蝸牛の進行性障害を引き起こす三つの劣性遺伝子を有するために3か月齢の時点で深刻な聴覚障害となります。一方で、若い個体は大きな音刺激に対してけいれん発作（聴原性発作）を起こすことが知られています。アルコールに対する不耐性が高い系統としても知られています。
BALB/c	アルビノ（*c*）変異のため赤目に白色の毛色を有する系統です。1913～1916年にバッグ（Halsey Bagg）が行動実験のために樹立したバッグアルビノに由来します。光に対する感受性が高く、不安傾向が高い系統として知られており、新奇な場面では低い探索行動を示します。また、BALB/cには亜系統が多く存在し、亜系統間での遺伝的な違いが大きく、特徴もかなり異なることが知られています。たとえば、BALB/cJは高い攻撃性を示し、BALB/cByJは高いアルコール嗜好性を示すとともに、B6と同様、$Cdh23^{ahl}$変異のため10か月齢以降での聴覚異常を示します。

代表的な実験用マウスの系統 ②

実験用マウス系統	特徴
A/J	ストロングが、リトルの保有していたアルビノマウスをバッグアルビノと交配することで作出しました。光に対する感受性が高く、不安傾向も高い特徴があります。この系統も $Cdh23^{ahl}$ 変異を有しており、B6 よりも早く 3 〜 5 か月齢で聴覚が減弱していきます。この違いはミトコンドリア tRNA 遺伝子の遺伝子多型が $Cdh23^{ahl}$ 変異と相互作用することで生じると考えられています。
C3H/He	野生色といわれるアグーチ（A）の毛色を有する系統で、1920 年にストロングがバッグアルビノと DBA を交配し、乳がんの発症率が高い個体を残すことで作出しました。後に、乳がんの高い発症率の原因は母乳を介して伝達される外因性のマウス乳がんウイルス（MMTV）であることがわかり、現在は MMTV が排除されています。網膜変性に関わる $Pde6b^{rd1}$ の変異をもつため、離乳時までにはほぼ盲目になります。
129	ダンにより 1928 年に樹立され、ノックアウトマウス作製の際に盛んに用いられた胚性幹細胞（ES 細胞）株の多くが樹立された系統として知られています。129 系統も BALB/c と同様に、系統内で遺伝的に異なる多くの亜系統を有しています。129 系統は高い精巣がんの発症頻度を示す系統として知られていますが、その頻度は亜系統の 129/Sv-ter/+ ではオス個体の中で 30%にもなります。また、亜系統によっては脳の形態にも異常があり、129/J では約 70%の個体で脳梁が欠失しています。

3　野生マウス系統の樹立とその特徴

マウスにおいて実験用近交系統が続々と樹立され、発がんや免疫、さらに発生や行動などの研究分野に関して研究が進む中、自然に生じた膨大な数の遺伝的多型を研究に活用することの必要性が認識されるようになっていきました。特に、実験用系統のみならず野生系統を交配実験に利用することで、高い遺伝的多型をもとにして、交配実験により遺伝子座を同定する遺伝子マッピング（4章参照）が可能になることが示されました。

このような野生系統の有用性が認識されるに伴い、複数の研究者が野生マウスから近交系統を樹立しました。ジャクソン研究所ではアイカー（Eva Eicher）やロデリック（Tom Roderick）らがCAST/Ei系統などの樹立を行いました（図2・1参照）。フランスでは、モンペリエ大学のボノーム（Francois Bonhomme）らが野生マウスをヨーロッパ各地から多数捕獲し、近交系統樹立を行いました。チェコのフォレー（Jiri Forejt）はプラハで捕獲した野生マウスから系統樹立を行い、パリのギネー（Jean-Louis Guénet）はハツカネズミとは別種のアルジェリアハツカネズミ（*Mus spretus*）から近交系統を樹立して、遺伝学への利用を進めたのです。

こうした野生系統の樹立の動きの中で特筆すべき成果を残したのは、日本の国立遺伝学研究所（以下略称：遺伝研）で研究を展開した森脇和郎です。森脇は自ら国内および世界各地に赴き、国外・

国内の研究者の協力を仰ぎ、野生マウスの収集と遺伝研への導入を進めました。これらの野生マウスから遺伝研において樹立した近交系統は10系統におよび、野生マウスの確保が難しくなった現在では、世界的にも貴重な野生系統集団となっています（コラム3）。これらは、実験用系統間で有する遺伝的多型よりも大きな系統間多型頻度を示すことから、遺伝解析には大変有用なことがわかりました（図3・2）[3-5]。

筆者らは、特に野生系統を用いた行動解析を進めて、先に紹介したデータベース（MPD）で行動データを公開しています。このような野生系統間では実験用系統間よりも遺伝的多型に富み、表現型としても新しい形質の発見につながると期待されています。さらに、野生系統はヒトによる積極的な愛玩化の選択を受けていないことも、マウス本来の行動を解析できるという点で大きなメリットなのです。今後さらに、行動遺伝学をはじめとしてさまざまな分野で活用されることが期待されます。

コラム3　野生系統の由来と特徴

野生マウスから樹立された近交系統は、行動研究では重要なリソースとなっています。野生系統は地理的に異なる場所で捕獲されたマウスに由来するため、遺伝的にも系統間で大きく異なり、さらに行動もそれぞれの系統ごとに特徴があります。以下に代表的な野生系統の由来と特徴を述べます。

代表的な野生系統の由来と特徴

野生系統	特徴
PGN2 系統 (domesticus グループ)	カナダのオンタリオ州のエリー湖に面したハーローという村の近くにある農場で捕獲されたマウスに由来します。この地域にはアメリカ大陸にヨーロッパから多数の人々が移住して以降、ヨーロッパの domesticus グループに属するマウスが生息しています。したがって、PGN2 もその遺伝的特徴を有しています。非常に俊敏であり、高い不安様行動を示すのが特徴です。
BFM/2 系統 (domesticus グループ)	フランスのモンペリエ大学のキャンパスにおいて 1976 年にボノームが捕獲したマウスを 1980 年に遺伝研に導入し、近交化しました。自発活動量は比較的低いものの、嫌悪刺激回避学習能力は優れています。
MSM 系統 (musculus グループ)	遺伝研のある三島市の民家で捕獲された野生マウスを森脇が譲り受け、繁殖して近交化したものです。
KJR 系統 (musculus グループ)	韓国のコジュリで捕獲した野生マウスを遺伝研に導入し、近交化したものです。
HMI 系統 (castaneus グループ)	台湾の和美で捕獲した野生マウスを遺伝研に導入し、近交化したものです。行動は俊敏で、扱いは難しい系統です。高い不安様行動を示します。
NJL 系統 (musculus グループ)	デンマークの北ユットランド島で捕獲された野生マウスを森脇が遺伝研に導入して近交化しました。非常に活動量が高く、飼育ケージ内では繰り返しジャンプや反転運動（サマーソルト）を行う特徴があります。
BLG2 系統 (musculus グループ)	ボノームらがブルガリアの Toshvo で捕獲した野生マウスをモンペリエ大学に持ち帰り維持を行いました。その 3 世代目の交配ペアを森脇が譲り受けて遺伝研に導入し、BLG2 として近交化しました。ボノームのところでは、BLG 系統が樹立されています。
CHD 系統 (musculus グループ)	中国の成都で捕獲した野生マウスをもとに森脇が近交化を進めました。背側は野生色で、腹部は白い毛色を有します。

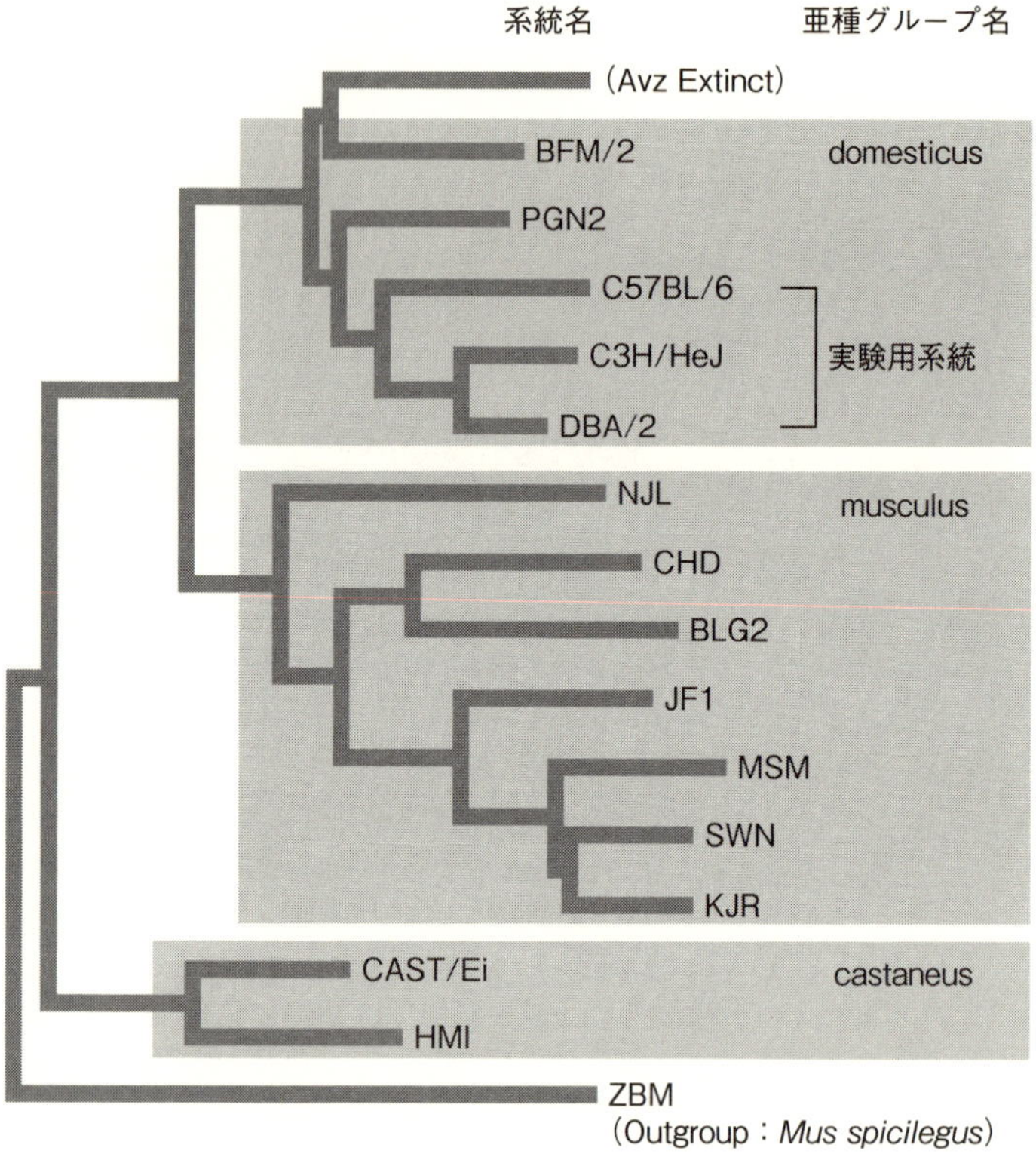

図 3·2　野生系統と実験用系統の分子系統樹

ゲノムにおける3塩基の繰り返し回数の多型をもとに解析（文献3-5より改変）。

4　愛玩用マウスから樹立された系統

先に紹介した実験用系統は、もともとは愛玩用マウスから作出されたものです。森脇は野生系統を多数樹立してきましたが、非常に珍しい愛玩用マウス由来の系統も樹立しています。図3・3に示す愛らしいマウスがＪＦ１です [3-6]。

ＪＦ１の由来に関しては、興味深い歴史があります。書物をたどると、ＪＦ１に似たマウスは先に紹介した『珍玩鼠育草』に記載されています（図2・3）。この古い書籍に紹介されている「豆ぶち」というネズミの毛色はＪＦ１の特徴によく似ていることから、同様のマウスが当時日本にいて、庶民に親しまれていたと考えられているのです。しかし、昭和に入り第二次世界大戦の混乱の中で、日本における豆ぶち様のマウスは姿を消すことになりました。おそらく一般の庶民にとってもネズミを飼育

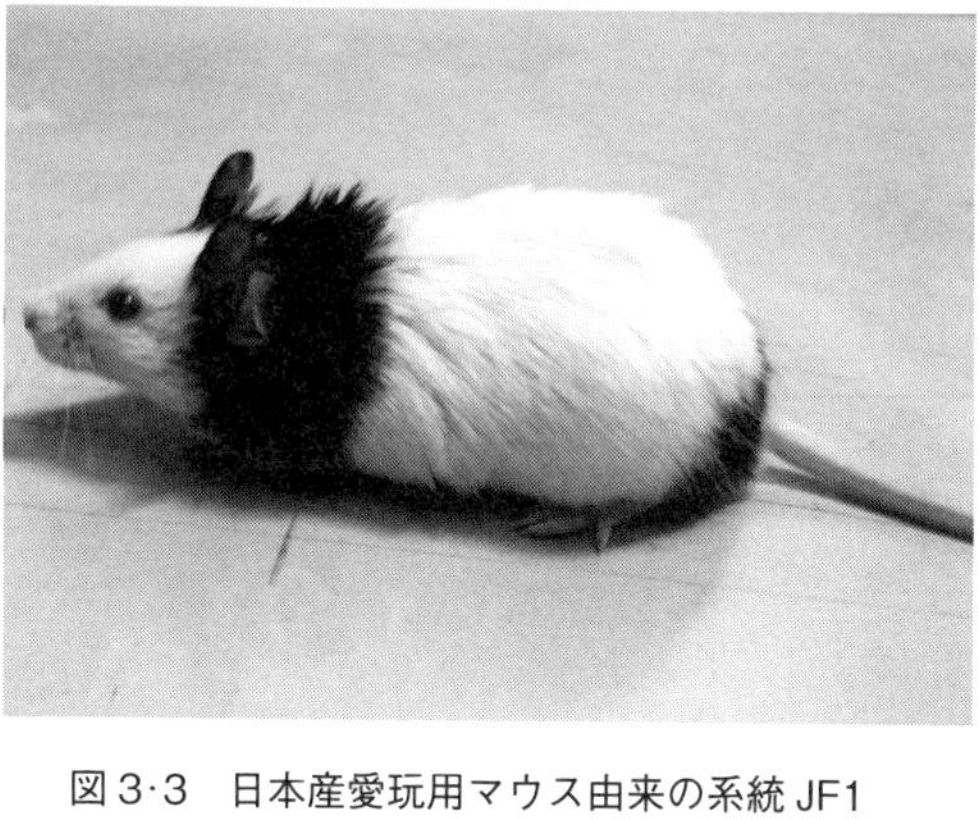

図3·3　日本産愛玩用マウス由来の系統 JF1

している状況ではなくなってしまったのでしょう。

さかのぼって江戸時代後期には、ヨーロッパから来た人々によって日本の動植物が標本として、あるいは生きたまま数多くヨーロッパへと持ち帰られました。その中にこの豆ぶちのマウスも含まれていたと考えられているのです。この小さくて愛らしいマウスは、ヨーロッパのやはり動物好きの人々によって大事に維持されることになりました。

特に有名となったのは、ラスロップやローブも研究に用いた舞いネズミです。このマウスは当時いろいろな研究者の興味を集め、調べられた報告が残っています。その名の通り、舞いをするマウスであり、今でいう *waltzer* 変異（5章3節参照）を持っていたことが知られています。しかし、舞いの行動を示すホモ個体（相同遺伝子の両方が変異を有する）は行動異常により繁殖が難しいことから、舞いを示さないヘテロ個体（相同遺伝子の片方のみが変異を有する）で維持されていたと考えられ、*waltzer* 変異を持たない正常個体も維持されていたと考えられます。このように、欧米では豆ぶち様のマウスが大事に維持されていたのですが、日本国内においては、第二次世界大戦を境に消えてしまったのです。

さて、JF1のもとになったマウスですが、森脇のところに共同研究者であるデンマークのニールセン（Toennes J. Nielsen）から、「Japanese mouse という名前で売られているネズミを蚤の市で見つけたが興味はあるか」という連絡があったそうです。週末に開催される蚤の市で見つけたというのがヨーロッパらしいと言えるでしょう。そのマウスは、愛らしい小さなハツカネズミで、白地に黒い斑《はん》が入っているおとなしいマウスでした。早速ニールセンの協力により森脇が１９８７年に遺伝研に導入して、その後近交系統にするための兄妹交配を始めました。20世代にわたる兄妹交配の後、Japanese mouse は近交系統ＪＦ１（Japanese fancy mouse 1）として１９９３年に樹立されたのです。

この白地に黒のぶち模様の原因となる遺伝子は、筆者らが解析しました。まず、遺伝学的な解析によりぶち模様に関わる遺伝子座を絞り込むと、既知の遺伝子座である *piebald*（略号は *s*）遺伝子座と一致しました。この *piebald* はＪＦ１と同様に劣性変異でヘテロでは正常ですが、ホモではぶち模様を示します。その原因遺伝子はエンドセリンＢ型受容体（*Ednrb*）であることがわかっていました。そこで、ＪＦ１の *Ednrb* 遺伝子を調べてみると、最初に見つかった *piebald* の変異と同じ遺伝子配列をもっていることがわかりました。したがって、ＪＦ１はマウス遺伝学の初期に米国を中心に使われていた舞いネズミと同一の起源であることが示唆されたのです。同時に、ゲノム全体のマイクロサテライト配列多型の特徴から、ＪＦ１は日本産マウスに由来することが示されました [3-6]。

ＪＦ１の全ゲノムは後に解読され [3-7]、その由来は日本産マウス（*Mus musculus molossinus*）にあるとともに、ＪＦ１は過去に代表的な近交系統である C57BL/6 の祖先のマウスに交配され、

ＪＦ１のゲノムの一部が現在でもB6の中にモザイク状に潜り込んでいることが示されています。日本産マウスは実験用系統の成り立ちにおいても貢献をしているのです。

このように、実験用系統や野生系統など異なるタイプの系統群がつくられ、しかも多数の近交系統が樹立されてきました。これらの多様な近交系統を目的に応じて使い分けることにより、マウス遺伝学が大きく進展したと言えるでしょう。

4章　マウスの遺伝学

遺伝学を進めるためには多くの遺伝情報の蓄積が必要になります。遺伝学の歴史は遺伝情報の蓄積の過程を見ることで理解することができます。この章では、マウスにおいてさまざまな遺伝情報がどのように整備されてきたのか、その歴史を見ていくことにしましょう。

1 マウスの突然変異と遺伝子地図

メンデルの遺伝法則の再発見の後、モーガンらによるショウジョウバエを用いた遺伝子地図の作成が進み、遺伝的連鎖と遺伝子の並びの関係がわかると、マウスにおいても同様な遺伝子地図の作成が進みました。マウスの遺伝学の中で初期に報告された突然変異遺伝子座は、古典的突然変異ともよばれているものです。キーラーが著したマウス遺伝学に関する最初のテキストブック（The Laboratory Mouse）では、1931年当時わかっていた突然変異のリストが示されています。そのうち、遺伝子座を示すもののみを抜き出したリストを表4・1に示しました。これらを見ると、突然変異は毛色に関するものが圧倒的に多いことがわかります。このように毛色変異体の数が多い理由は、当時愛玩用マウスで維持されていた、愛でるのに適した毛色変異がそのまま実験用系統に持ち込まれたためであると考えられます。また、毛色変異は外部観察により容易に判別が可能なので遺伝子型判定への応用が簡単にできるという、研究上のメリットもあるのです。

表4·1　1931年当時の突然変異リスト

遺伝子座名（原著のまま）	遺伝子記号	染色体	特徴
Non-agouti	*a*	2	毛色は黒
Brown	*b*	4	毛色は茶色
Albino	*c*	7	毛色や皮膚、目などのメラニン色素欠乏
Dilute	*d*	9	毛色薄い、メラニン色素の凝縮による色素変化
Dwarf	*dw*	16	成長不良
Flexed tail	*f*	13	尾の形態異常、毛色は腹部に斑点
Recessive hairless	*hr*	14	被毛の脱落
Naked	*N*	15	被毛の脱落
Pink-eyed dilution	*p*	7	毛色薄い、目の色素が薄くピンク色
Piebald	*s*	14	毛色に斑模様
Short ears	*se*	9	耳が短く外部が少し波打つ
Shaker-1	*sh-1*	7	回転運動、聴覚異常、平衡感覚異常
Waltzer	*v*	10	回転運動、聴覚異常、平衡感覚異常
Dominant spotting	*W*	5	毛色で腹部に白斑を有する

キーラーの時代にわかっていた遺伝子地図は遺伝子もまばらで寂しい限りであり、まだ地図としての役割を果たしているとはいいがたいものでした。表4・1に示すように、当時14遺伝子座が明確な遺伝性を示していることがわかっていました。それ以外にも変異遺伝子座の報告があったようですが、その数はまだ少なかったのです。しかし、その後グリーンが編集したマウス遺伝学の百科事典ともいえる"Genetic Variants and Strains of the Laboratory Mouse"の第1版が出版された1981年には、実に700を超える遺伝

子座が報告されていたそうです［4-1］。半世紀の間にマウスの遺伝学は飛躍的に進歩したのです。これも、先人たちのマウス遺伝学に対する情熱と膨大な研究が実を結んだ偉大な成果と言えるでしょう。

遺伝子地図は、突然変異マウスの交配実験をすることにより、同一染色体上にある遺伝子座間の連鎖が子孫をつくるための減数分裂時において生じる組換えにより崩れる頻度を調べることで知ることができます。精子あるいは卵子を作る際に組換えは生じますが、その頻度が精子あるいは卵子（配偶子という）100個当たり何度生じるか（交叉率）で表します。100個の配偶子をつくるのに1回組換えが生じて連鎖が崩れれば1センチモルガン（cM）で、10回生じれば10 cMです。実際の物理的な距離が遠ければ遠いほど遺伝的距離も遠くなり、物理的距離と遺伝的距離はほぼ比例します。この遺伝的距離を解析するためには地道な交配実験を行わなければならず、手間も時間もかかります。しかし、ひとたび遺伝子地図がつくられると、それをもとに他の遺伝子座のマッピングに使うことが可能になるのでとても有用です。つまり、マウス遺伝学の研究者コミュニティーにとって欠かせない知識の蓄積になるのです。

しかし、先にも述べたように、この実験は時間も労力もかかりすぎます。たとえば、*pink-eyed dilution*（桃色目、Chr. 7, 33.44 cM）変異と*albino*（アルビノ、Chr. 7, 49.01 cM）変異は共に7番染色体上に存在しています（図4・1）。それらの遺伝子がどの程度近くにあるか調べるた

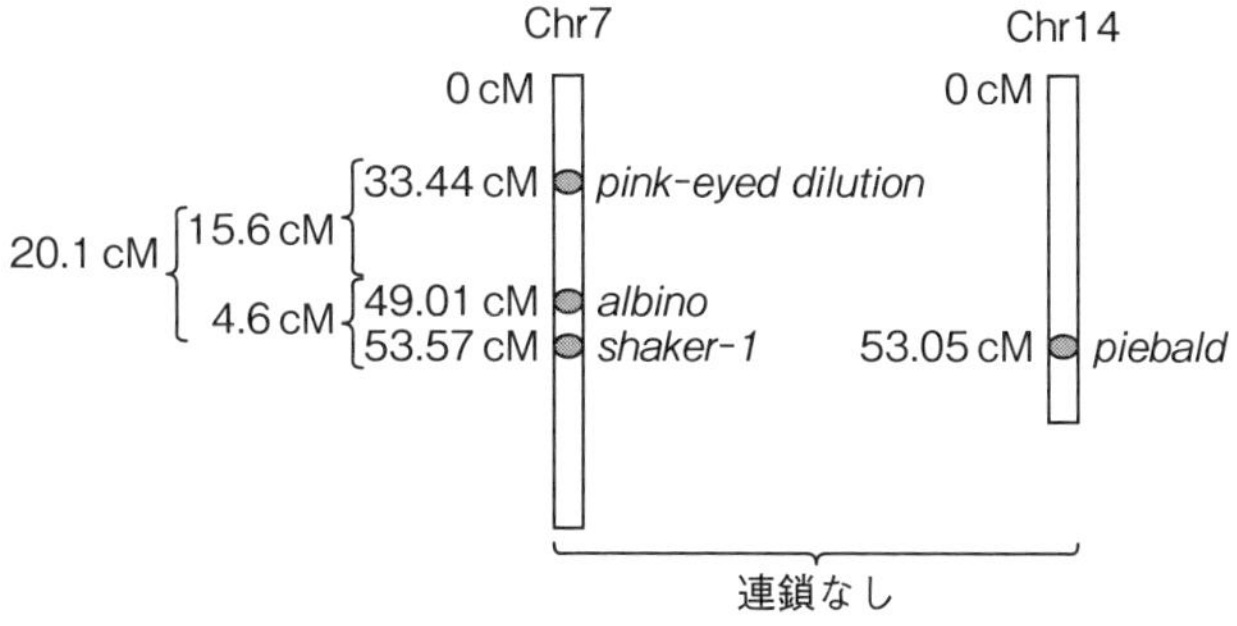

図 4·1　遺伝子地図の作成と突然変異遺伝子座の連鎖
マウスの 7 番染色体と 14 番染色体における突然変異遺伝子座の遺伝子地図を示す。

めには、交配実験を行って交叉率にもとづく遺伝的距離を測ります。この場合、約15・6 cMの距離にあることがわかります。また、平衡感覚異常を示す変異 *shaker-1* (Chr. 7, 53.57 cM) が同じ7番染色体上に連鎖しているのですが、その位置を解明するためには、*shaker-1* を有する系統と、*albino* 変異を持つ系統および *pink-eyed dilution* 変異を持つ系統とを交配して、遺伝的に連鎖しているのか、連鎖しているのであれば *albino* と *pink-eyed dilution* とはどの程度離れているのか調べることで、相対的な位置を知ることができます。一方、別の遺伝的変異、ぶち模様を示す *piebald* (Chr. 14, 53.05 cM) は異なる染色体上に位置するので、それを明らかにするためには、*albino* 変異をもつ系統と *piebald* 変異を有する系統を交配して新たな遺伝的解析をする必要があります。これは、複数の変異遺伝子間で相対的な位置関係を調べることによって、どの変異遺伝子からどれだけ離れたところに問題となる変異遺伝子が存在するのか理解しようとする方法で、実に地道で根気の必要な研究手法なのです。

このように、突然変異の表現型をもとに遺伝子マッピングをするためには、連鎖があるか調べたい変異マウスとの交配実験を毎回新たに実施する必要がありました。しかし、もしマウスのゲノムに詳細な「印」とその位置を示す地図があり、変異遺伝子の位置を地図上の詳細な印との相対的な位置関係で示すことができれば、変異遺伝子についてもっと速く正確に位置を示すことが可能になります。そうした試みを可能にしたのが、生物の全ゲノム配列の解読を目指したゲノムプロジェクトです。

2 マウスゲノム配列の解読

マウスにおけるゲノムプロジェクトは、ヒトゲノムプロジェクトと並行して進行しました。しかし、1990年頃の技術では全ゲノム解読をいきなり行うにはまだまだ困難が多く、当初はゲノム上の遺伝的位置を示すDNAマーカーをつくる作業が進みました。ちょうど、PCR法によるゲノムのDNA断片の増幅が可能になった頃です。目的の配列の両端を認識するプライマーのペアを作製し、それをもとにゲノムDNAを鋳型としてPCRで増幅すれば、特定のゲノム領域を調べることが可能になります。

ゲノム上には2塩基の繰り返し配列（マイクロサテライト）が多くの場所に存在しています。このような単純な2塩基からなる繰り返しはゲノムの複製の際にエラーを起こしやすく、遺伝的由来の異なる系統間で比較すると、長さの異なるマイクロサテライトをもっていることが多くあります。そこで、ゲノム上のさまざまな部位のマイクロサテライトを、ゲノムの断片的な塩基配列情報から探し出し、それを含む断片を特異的に増幅できるようなPCRプライマーセットが多数つくられました。

これらを用いて遺伝的に異なるマウス系統のゲノムDNAを鋳型として増幅し、電気泳動で同時に調べると、マイクロサテライトの多型を長さの違いとして検出することができます。つまり、A系統では200塩基対であるものがB系統では194塩基対であるというように、系統に特異的な長さのマイクロサテライト配列領域が見つかってくるのです（図4・2）。このマイクロサテライトの長さを検出するプライマーにより増幅されるゲノム断片をマイクロサテライトマーカーといいます（コラム4）。これを用いることで、ゲノム全体にわたるマイクロサテライトマーカーという「印」の詳細な地図が作成されたのです。そのマイクロサテライトマーカーの位置と目的の突然変異遺伝子座の相対的位置を明らかにすることによって、効率よく遺伝子マッピングができるようになりました。このマイクロサテライトマーカーの開発によりマウスの遺伝学が飛躍的

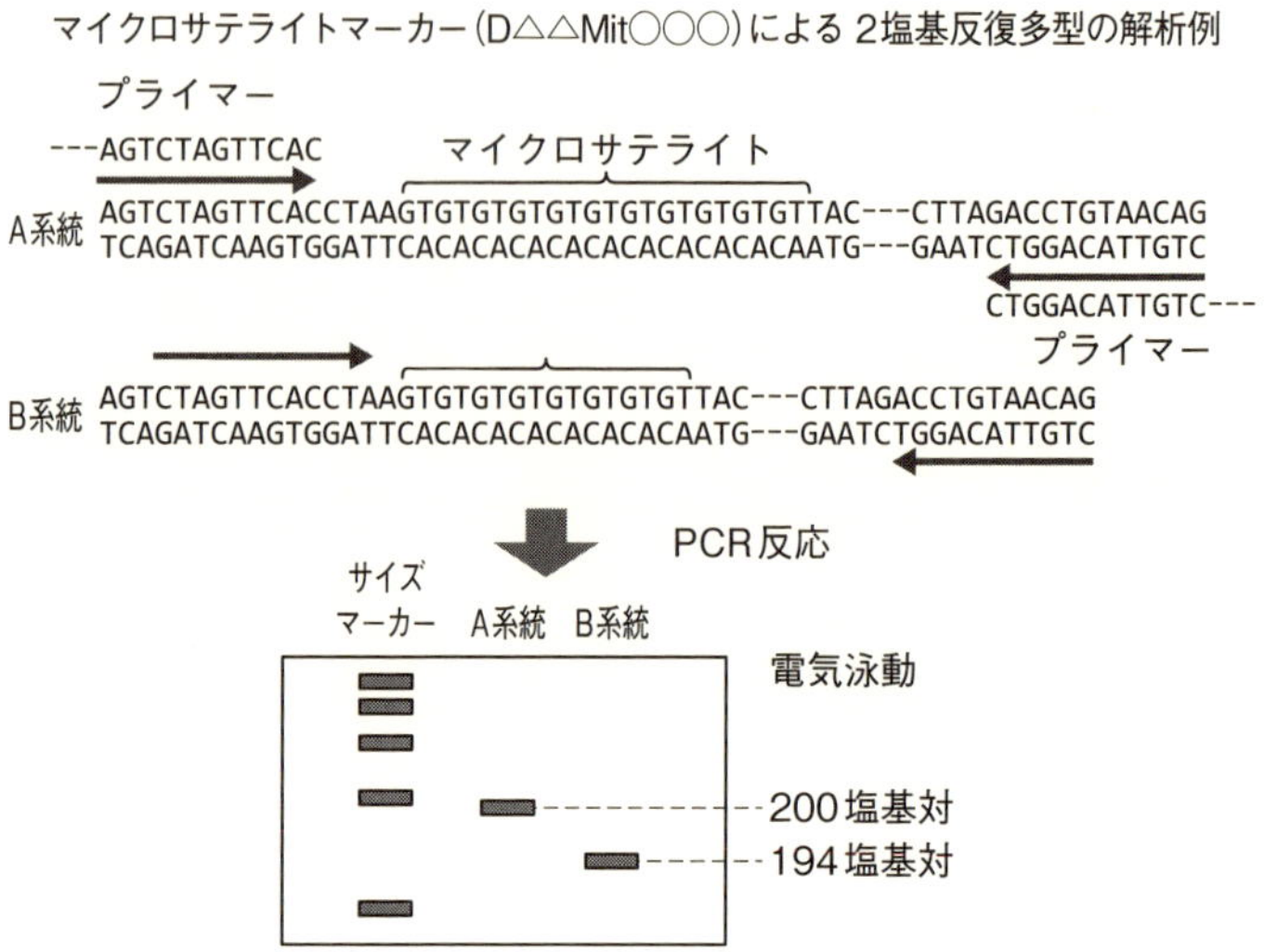

図4·2　マイクロサテライトマーカー多型と電気泳動による検出方法
A系統とB系統における2塩基繰り返し回数の多型をPCRによる増幅後の電気泳動で検出する。

に進んだのです。

その後、よりゲノム全体を網羅的に効率よく調べることが可能なゲノム配列の系統間での違い、いわゆる一塩基多型（SNP）を使って解析することが多くなりました。マイクロアレイという、SNPを含むDNA配列をプラスチックやガラスなどの基板上に高密度に張り付ける技術を用いることで、同時に多数のサンプルをゲノム全体の多数のSNPマーカーにわたって解析することが可能なために、非常に効率が良いのです。しかも一度に大量に解析できるので、それぞれのサンプルの遺伝子座当たりのコストでいうと、マイクロサテライトマーカーよりも低コストで解析が可能になります。それでも、研究の目的によっては、遺伝子座を解析する上では今でもマイクロサテライトマーカーは有用なツールとして使われています。

このように、さまざまな遺伝情報の開発や蓄積があり、それらを有効に活用することで遺伝学は大きく進展してきたのです。

コラム4　マイクロサテライトマーカーとは

マイクロサテライトマーカーは、ゲノム上の遺伝的な位置を示すマーカーとしてマウス遺伝学において重要な役割を果たしてきました。初期のころは、研究者がそれぞれ工夫をしつつ、マイクロサテライトマーカーを作製していました。しかし、ゲノム全体を網羅的に扱う方が効率が良いため、やがてマサチューセッツ工科大学が全ゲノムを対象にして一気にマイクロサテライトマーカーを作製しました。これがＭＩＴマーカーとよばれる、ゲノム全体にわたって存在する膨大な数のマーカーです。

ＭＩＴマーカーは、Ｄ△△Mit○○○で表される遺伝的マーカーです。最初のＤは、ゲノム上の特異的な場所を示す「ＤＮＡ」マーカーであることを示しており、その後に入る△△は染色体番号（1～19, X, Y）を表しています。その次にくるMitはラボラトリーコードと言って、そのマーカーを設計した研究室（機関）や研究者名の略称を表しており、Mitは"Massachusetts Institute of Technology"に由来します。Mitの後に入る番号を含めることで、そのマーカー名が固有のものとなるように命名します。

マサチューセッツ工科大学では、当時解読しつつあった膨大なマウスゲノムの塩基配列情報からマイクロサテライトマーカーを作製し、それをマウス2系統の交配で得られたサンプルを用いて遺伝的解析をすることで、遺伝的な位置を明らかにしていきました。そうすることで、それぞれのマイクロサテライトマーカーによる詳細な遺伝的地図が作成できます。こうして得られた情報をもとに、ゲノム配列の断片的な情報の中にマイクロサテライトマーカーが存在していれば、遺伝的にどの位置のゲノム情報なのか即座にわかるのです。

さらにゲノム解析は進み、大腸菌人工染色体（BAC）ライブラリーの作製により、DNAクローンでゲノム全体をほぼカバーすることが可能になりました。その際、個々のBACクローンがゲノム上のどこに由来するか明らかにするために、BAC上に存在するMITマーカーが位置を把握するための決め手になっていきました。

さらに、BACクローンDNAの解読を行うことでゲノム配列を調べることができたのです。やがて、全ゲノムを断片化してランダムに塩基配列を調べる方法を含めた技術の発展に伴いゲノム配列の解読は順調に進み、ヒトゲノム配列の公開から2年後の2002年には、C57BL/6マウスのゲノム配列がおよそ96%について読み終わり、公開されました[4-2]。このとき、ほぼすべてのマイクロサテライトマーカーのDNA上の位置が明らかになり、物理的な位置マーカーとしても使われるようになったのです。

5章　マウスを用いた行動遺伝学のあゆみ

4章で説明したように、ゲノムプロジェクトの進展とともにマウスの遺伝学は大きく進歩しました。この章では、マウス遺伝学の進歩とともに可能になった、行動の突然変異体からその原因となる遺伝子を同定して遺伝子機能を調べるアプローチについてご紹介しましょう。

1 パーキンソン病のマウスモデル

マウス系統を維持していく過程で自然に突然変異が生じることがあります。ジャクソン研究所のレーンは1961年に、彼女が維持していたB6集団の中にうまく歩行ができない、いわゆる運動失調を示すマウスを見つけました。レーンはそのマウスの交配を行い、運動失調の形質が遺伝性を示すことを確認して、その突然変異を *weaver*（*wv*）と名づけました[5-1]。後の研究で、このマウスの遺伝形質に関連する遺伝子領域が絞り込まれ、ヒトのゲノムとの関連から発現している遺伝子を割り出し、候補遺伝子に関してさらに塩基配列の解析を行うことで、*Girk2* 遺伝子の953番目の塩基にGからAへの変異が見つかりました[5-2]。*Girk2* は、カルシウム依存性のカリウムチャネルであるGIRK2をつくり出す遺伝子です。この変異により、GIRK2タンパク質の最初から数えると156番目のアミノ酸であるグリシンがセリンに変化することがわかったのです。このグリシンは、種間を通して保存性の高いグリシン—チロシン—グリシン モチーフと

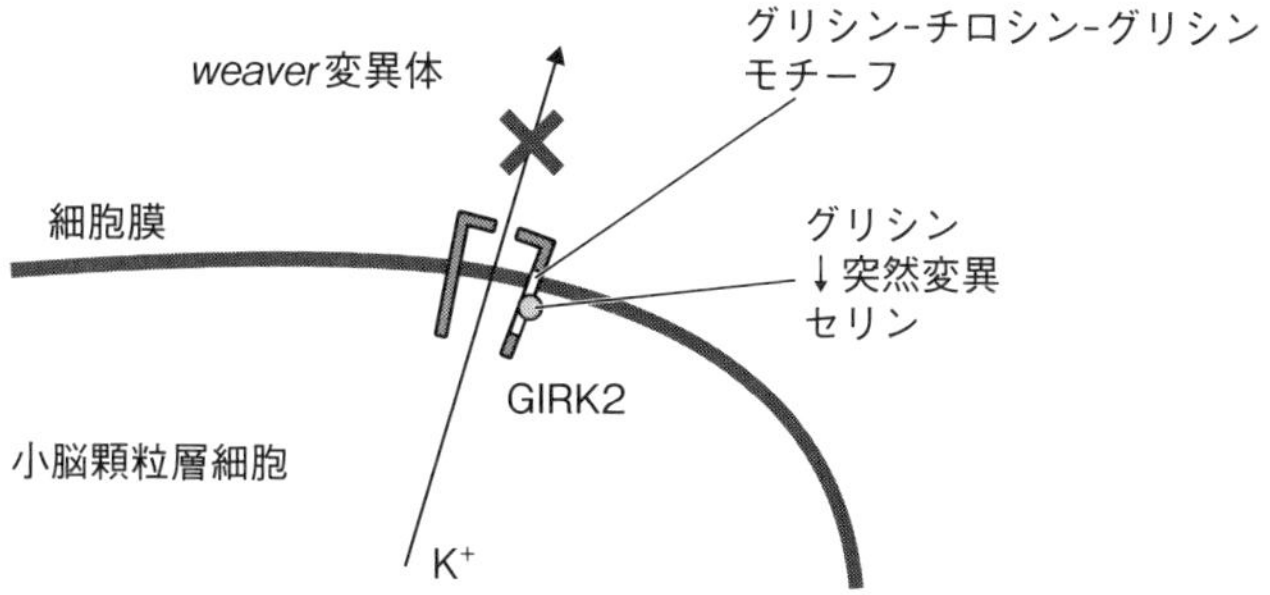

図5·1　*weaver*突然変異体におけるGIRK2の機能異常
GIRK2のアミノ酸変異によりカリウムチャネルの機能異常が生じる。

呼ばれるタンパク質の働きにかかわる重要な領域の最初に位置することから、GIRK2の機能上重要な役割を担っていることが予想されました。*weaver*マウスでは、このアミノ酸変異によりカルシウム依存性のカリウムチャネルが正常に機能しなくなり、そのチャネル異常による神経細胞の機能不全が原因となって小脳の顆粒層細胞ができなくなるのです（図5·1）。また、中脳黒質という、運動において重要な役割をはたす脳領域に存在するドパミン神経細胞の脱落が生じて、パーキンソン病に類似した運動異常を生じることもわかりました。したがって、*weaver*マウスは、その遺伝子の変異も解明されていることに加えて、ドパミン細胞が脱落し、それによりパーキンソン病に類似した運動失調を示すことから、この疾患の動物モデルとしても注目されているのです。このように、遺伝学の進歩とともに、遺伝解析から遺伝子座を絞り込み、その原因となる遺伝子を同定するアプローチが確立したのです。このアプローチはポジショナルクローニングと呼ばれています。

2 歩行異常とてんかんのマウスモデル

マウスを飼育している過程で自然発症した突然変異マウスをもう一例ご紹介しましょう。DBA/2系統を維持する過程で生じた行動の突然変異として *tottering*（*tg*）が知られています。この突然変異のホモ個体は生後3～4週齢頃になると少しおぼつかない足取りで歩く様子で異常が認められ、時に動きをしばらく停止する行動が特徴的な欠神《けっしん》発作や、手足を一定の調子で曲げ伸ばしするような運動発作を起こします。この *tottering* 変異マウスの原因遺伝子は長らくわかっていませんでしたが、1996年にジェンキンス（Nancy Jenkins）らのグループは、ポジショナルクローニングの方法により、電位依存性カルシウムチャネルの一部であるサブユニットα1Aをコードする原因遺伝子を同定することに成功しました［5-3］。電位依存性カルシウムチャネルは、α1、α2δ、β、γという4つのサブユニットからつくられる複雑なチャネルです。それぞれのサブユニットは複数の遺伝子の中から適宜選ばれた遺伝子が発現することでつくられます。α1サブユニットは10種類ある遺伝子の中から一つが選ばれるのですが、α1Aはそのうちの一つだったのです。この発見により、カルシウムチャネルのたくさんあるサブユニット遺伝子の中の一つが運動制御において重要な役割を果たしていることがわかったのです。

3　舞いネズミと聴覚異常

先の章で、中国では紀元前80年には舞いネズミの記述があり、さらに日本でも江戸時代の1787年には舞いネズミの飼育方法や子をとるための方法などについての記述があることを紹介しました。この「舞いネズミ」はまたの名を「コマネズミ」ともいいます。コマネズミの名前は、その名のとおり、同じ場所を非常に速く独楽《こま》のように旋回運動することからつけられました（図5・2）。

舞いネズミは、もともと日本からヨーロッパに渡ったと考えられています。この興味深い行動を示すマウスを用いて行動を遺伝学的

図5·2　*waltzer* (*v*) 変異体（舞いネズミ）の様子
変異マウスは同じ場所を高速でコマのように回転する。

に調べようとした研究は、ヤークス（Robert M. Yerkes）の研究までさかのぼることができます。彼が1907年に出版した著書"The Dancing Mouse"[5-4]には、舞いネズミについて詳細に記述されています。それはちょうど、遺伝学の最も重要な概念であるメンデルの遺伝の法則が再発見された直後に当たります。エンドウだけでなく他の生物種にもこの遺伝の法則が適用できると考えられ、さまざまな形質に関して遺伝学的な解析が試みられた時代でもありました。

ヤークスが"The Dancing Mouse"を著したときには、残念ながら正確な意味での舞いネズミの遺伝学的な記載はなされていません。しかし、その本の中では、このマウスの回転方向（右回りか左回りか）に関して遺伝的な影響はないか調べた試みも記述されています。そこでは明確な遺伝性は見られていませんでしたが、行動と遺伝の関連を調べようとした初期の研究といえるでしょう。

舞いネズミそのものの生きたストック（集団）は現在ではいなくなっています。ただ、1947年にジャクソン研究所のスネルに譲り渡された舞いネズミは、そこで実験用系統のC57BL/10系統と交配された後に維持されました。旋回運動に関する変異遺伝子座は、*waltzer*（変異アレルとしての略称は*v*）として、実験用系統のゲノムの中で脈々と現在まで受け継がれているのです。その後の研究により、*waltzer*変異は聴覚異常とともに内耳の平衡機能異常を起こすことにより旋回運動を示すことが示されました。さらに、ノーベントラウ（Konrad Noben-

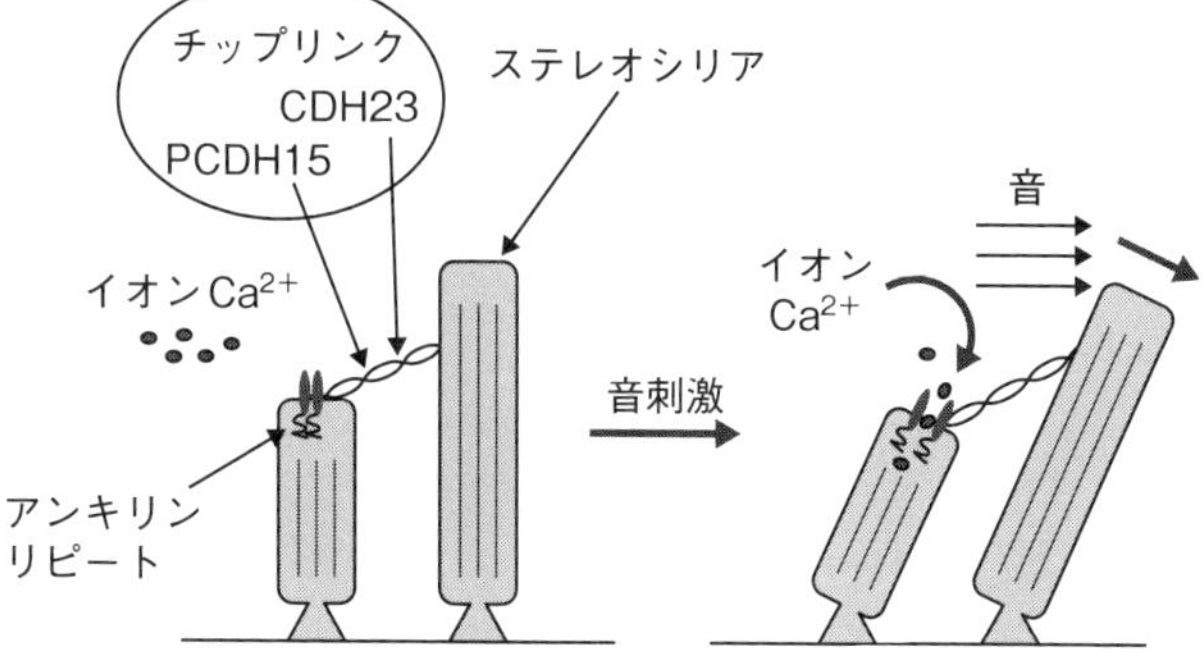

図5·3　内耳有毛細胞におけるステレオシリアの働きとチップリンクの構成タンパク質CDH23の役割
音が内耳に入るとその力でステレオシリアが傾き、チップリンクにより隣のステレオシリアも引っ張られる。その力で、イオンチャネルが開きカルシウムが流入する。

Trauth）らによる順遺伝学的研究で、詳細な遺伝子座のマッピングと候補遺伝子の分子遺伝学的解析が行われ、2001年に原因遺伝子として新規のカドヘリン遺伝子*Cdh23*が発見されたのです[5-5]。

内耳では、有毛細胞とよばれる上皮細胞が聴覚を仲介しています。有毛細胞にはステレオシリアとよばれる階段状に長さの異なる微絨毛が配置しており、その先端はチップリンクとよばれる比較的硬い繊維で連結されています（図5·3）。

このチップリンクを構成するタンパク質が、CDH23と、もう一つ別の遺伝子産物であるPCDH15です。チップリンクの根元の細胞膜にはイオンチャネルが存在しており、その細胞質側は柔軟性のある因子に連結しています。

音刺激が内耳に入ってくると、まず音の圧力によりステレオシリアが傾き、その際、隣のステレオシリアもチップリンクにより引っ張られて傾きます。そうすることでステレオシリア全体が傾くことになります。このとき、チップリンクはステレオシリアが傾くことで強く引っ張られますが、その力は根元のイオンチャネルに伝わり、イオンチャネルはチップリンクとアンキリンリピートの両方から逆方向に引っ張られることになるのです。この双方向の力により、イオンチャネルの形状は物理的に変化を受け、そのためイオンチャネルが開放されます。これにより、細胞の脱分極が生じて、神経伝達物質が有毛細胞から蝸牛神経のシナプスに放出され、音刺激の伝達が生じるのです。

さて、*waltzer* の原因遺伝子である *Cdh23* の異常は、このチップリンクの形成不全をもたらすことがわかりました。さらにチップリンクの異常から、ステレオシリアの規則正しい配置にも影響を及ぼしていたのです。これにより、音刺激は細胞内への伝達ができず、聴覚異常が生じるのです。この遺伝子はヒトにも存在し、先天性の聴覚障害を伴うUsher症候群Type1Dの原因遺伝子であることが報告され、*waltzer* 変異マウスはこの疾患のモデルとなることもわかったのです。

この *waltzer* の原因遺伝子解明よりさかのぼること6年、同様に聴覚異常と平衡感覚異常を示す古典的突然変異体である *shaker-1* については、イギリス医学研究評議会ハーウェル（MRC

Harwell）でマウスの遺伝学を発展させたブラウン（Steve D. M. Brown）らにより遺伝子が同定されています。彼らは、順遺伝学的な手法により *shaker-1* の原因遺伝子を第7番染色体の約200kb領域にマップしました。その領域内に存在する遺伝子のうち、マウスの内耳で発現している遺伝子を探した結果、ミオシンファミリー遺伝子の中で特殊なタイプの *Myosin VII* をコードする遺伝子に変異があることを明らかにしました[5-6]。この変異では、407番目のアミノ酸がアルギニンからプロリンに変化していました。この変化により、蝸牛やコルチ器官の異常を生じて、聴覚や平衡感覚の異常が生じると考えられています。また、ヒトにおいては *Myosin VII* 遺伝子の異常が Usher 症候群 TypeIB の原因となることが示されたのです。

突然変異体を用いたこのような一連の研究は、既存の突然変異体の単離、その表現型の解析、さらに分子遺伝学的解析による原因遺伝子の同定とその機能解析が成功した例と言えます。このように、既存の突然変異体を用いた行動遺伝学の有効性が示されたのですが、ここで喚起したいのは、そもそも興味の対象となる突然変異体が世の中に存在しなければ研究を開始できないということです。

4　概日リズムを刻む遺伝子とその変異

行動に関する研究の中で、概日リズムに関する研究には長い歴史があり、また輝かしい成果をあげています。キイロショウジョウバエを用いて概日リズムの研究を始めたのは、ベンザー（Seymour Benzer）のグループでした。このキイロショウジョウバエを遺伝学の研究に用いるようになった歴史を紐解くと、1900年代の初期にさかのぼります。モーガン（Thomas Hunt Morgan）らは、バナナを好む赤い目をした小さなハエ、キイロショウジョウバエを用いて、遺伝の法則により脚光を浴び始めた遺伝学に取り組むことを考えました。10日で次の世代に代わるキイロショウジョウバエは遺伝学の研究に適していたのです。1910年には、はじめて白い眼の突然変異体が得られています。その後、同じ染色体上に存在する遺伝子が連鎖していて、その位置関係と遺伝子間の距離を組換えの頻度で表す方法も確立されました。このようにして、キイロショウジョウバエは遺伝学の花形的存在となっていったのです。

ベンザーはこのキイロショウジョウバエを用いて、脳の機能に関する研究に取り組むことができないかと考えました。そうして行われた研究の一つが、概日リズムの研究です。キイロショウジョウバエは幼虫からさなぎをつくり、その後羽化して成体になる完全変態昆虫です。この羽化は通常朝に見られます。このもっぱら朝に羽化するという現象も、ショウジョウバエが体内に持っている時計により制御されていることに、ベンザーの研究室にいたコノプカ（Ronald Konopka）は着目したのです。面白いことに、幼虫期まで明期12時間・暗期12時間で飼育されて、さなぎになってから昼夜区別なく真っ暗なところに移されたものも、しっかりと明暗12時間ずつの環境のときに照明がついていた時間帯（朝に相当する）に羽化するのです。

しかし、概日リズムが長くなったり短くなったりしたキイロショウジョウバエは、少し遅れたり早くなったりして羽化することになります。コノプカは、オスのキイロショウジョウバエにエチルメタンサルフォネート（ＥＭＳ）という化学変異原を食べさせた上でメスと交配させ、そこから生まれた子孫について、羽化するタイミングの異常を示す突然変異体を集めたのです。こうして羽化のタイミングが異なる個体で、体内時計に異常があるかどうかをさらに調べるために、活動量の日周変化についても調べました。キイロショウジョウバエの成体を明期12時間、暗期12時間の周期で飼育すると、規則正しく明期に活動し、暗期には不活発になります。そのような周期性が十分に確立された上で、暗闇の中のみ（全暗条件）で飼育を開始すると、照明による刺激がないにも関わらず、ハエは約24時間の周期で移動活動の日周パターンを示します。しかし、羽化するタイミングが早かったり遅かったりする変異個体は、活動の周期も正常個体よりそれぞれ短くなったり長くなったりして、概日周期がずれていたのです[5-8]。

その後、分子遺伝学の進歩によって塩基配列を解読することが可能となり、遺伝子がクローニングされ、概日リズムに異常を示すショウジョウバエ突然変異体の原因遺伝子として*period*が明らかになりました。この*period*遺伝子は、mＲＮＡの発現や翻訳産物であるPERIODタンパク質の量が約24時間の周期で変動します。しかし概日リズム異常の突然変異体においては、暗闇の中で、短い概日リズム変異個体ではmＲＮＡおよびタンパク質は短い周期で変動し、長い概日リズム変異個体では長い周期で変動することもわかりました。このように、*period*遺伝子産物の量的変動のリズムが概日リズムの調節と密接に関わっていることがわかったのです。これを契機として、概日リズムに関わる遺伝子が数多く同定され、概日リズムを生み出すメカニズムの解明が進んだのです。ちなみに、これらの*period*遺伝子のクローニングとその解析はホール（Jeffrey C. Hall）、ロスバッシュ（Michael Rosbash）、ヤング（Michael W. Young）の三人により行われました。その功績を称えて、２０１７年のノーベル生理学・医学賞はこの三人に贈られています。コノプカが世を去ってから2年が過ぎていました。

遺伝学研究の盛んなキイロショウジョウバエで大きな進展を見せた概日リズムに関わる一連の遺伝子の同定は、同じく行動遺伝学の盛んなマウスを使っている研究者にも大きな刺激をもたらしました。キイロショウジョウバエと同じように、マウスも明期12時間・暗期12時間の周期で飼育されると、明期はおとなしく睡眠し、暗期には盛んに活動して、規則正しい睡眠と活動のリズムを見せます（マウスは夜行性のため、活動時期が暗期になっています）。このようなマウスを

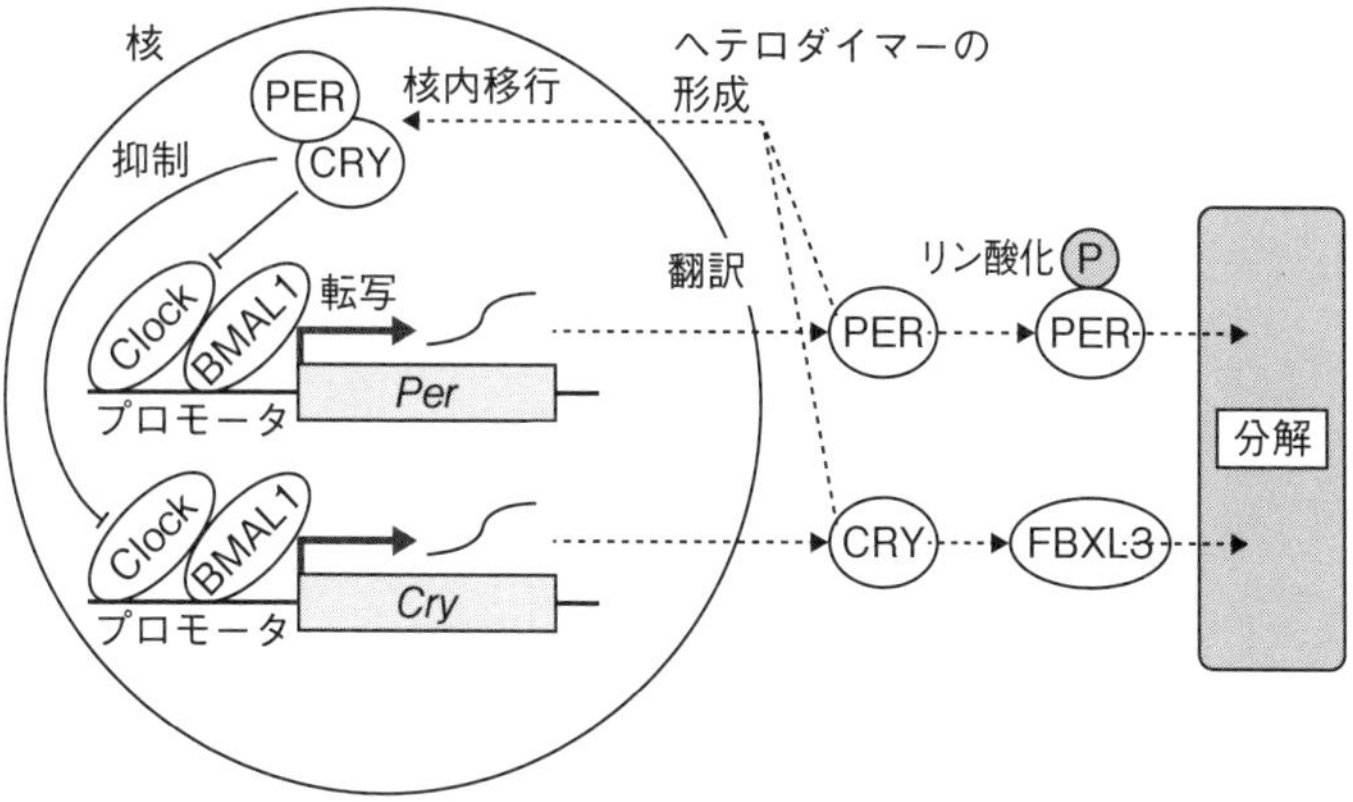

図5·4　概日リズムを司る分子が生み出す細胞内時計のしくみ
Clock と BMAL1 は PER や CRY の発現を調節し、その働きは PER と CRY によりフィードバックループにより調節される。PER や CRY は発現と分解のバランスにより働きが周期的に調節されており、概日リズムが生まれる。そのしくみに関わる遺伝子の異常により概日リズムの異常が生じる。

暗闇のみの環境に移すと、概日リズムにもとづき睡眠と活動のリズムを継続するのです。こうして、ほぼ24時間周期の概日リズムにもとづいて活動をすることが知られています。

実は正確に24時間周期ではないのですが、明暗条件におかれたマウスは光刺激により周期が毎日リセットされるため、24時間の安定した周期で活動することができるのです。しかし、光刺激のない全暗条件においては、正常個体は24時間よりも少し短い周期を持つため、日に日に活動周期が前へずれていくことになります。

米国のタカハシ（Joseph Takahashi）らのグループは、このようなマウスに

N-エチル-*N*-ニトロソウレア（ENU）という化学変異原による処理を行うことで人為的に突然変異を誘発し、その後生まれたマウスについて、全暗条件で概日リズムに異常を示す個体をスクリーニングしました。その結果、全暗条件で周期が24時間よりも長く、活動周期の遅れを示す突然変異個体を見いだしたのです[5-9]。

さらに、この変異マウスを遺伝学的に解析することで、*Clock* 遺伝子という、概日リズムの調節に重要な働きをしている遺伝子の同定に成功しました[5-10]。Clock は、別の遺伝子産物であるBMAL1とともに、概日リズムをつくり出す周期性を持った発現パターンを示すPERとCRYという二つの遺伝子の発現を調節する働きを持っており、しかもその働きはPERとCRYにより調節されるというフィードバックループを形成していたのです（図5・4）。このように、化学変異原を用いてマウスに突然変異をあえて誘発し、それによる表現型の異常を示す個体をスクリーニングにより見いだし、さらに、その原因となる遺伝子を同定する道筋が確立されたのです。

5　意図的突然変異を誘導したことに基づく遺伝学

これまでの遺伝学では、*weaver* や *waltzer* マウスに見られるように、偶然見つかった行動の自然突然変異体を用いて解析することで、行動に関わる遺伝子を同定することができるようになっ

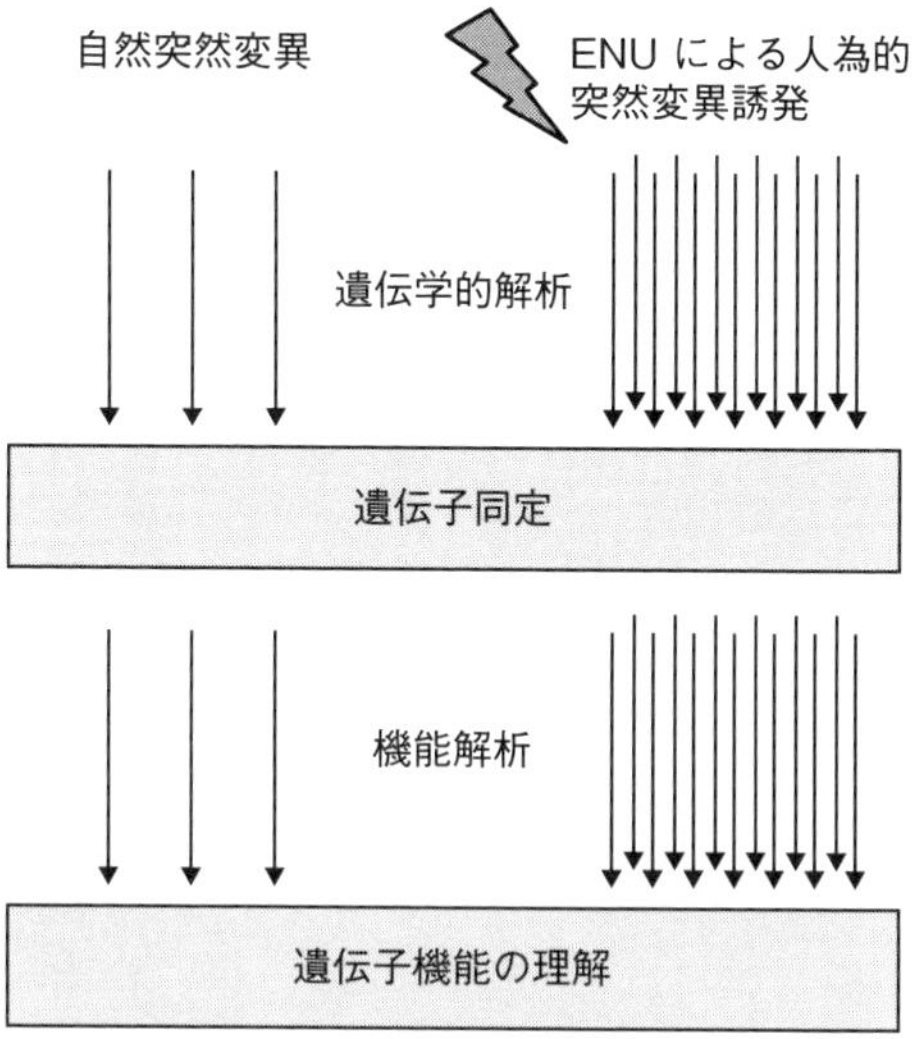

図 5·5　自然突然変異と人為的突然変異誘発
人為的突然変異誘発は自然突然変異と比較して圧倒的に数が多くなる。

てきました。しかし、そもそも研究者が見つけている行動に関わる自然突然変異は、それほど多く存在するわけではありません。マウス系統を維持している中で、*weaver* を見いだしたレーンの場合のように、注意深く観察し、しかも異常な個体がみつかれば、こまめに個体を残して、その子孫をとるような地道な作業を進めてようやく行動変異体は見つかってくるのです。したがって、このような自然突然変異体に依存していただけでは研究は思うように進展しないという問題が出てきました。

先に述べたENUによる人為的突然変異誘発によりもたらされた *Clock* 変

異に関わる遺伝子発見の成功例は、計画的に突然変異を大規模に誘発させれば、欲しいタイプの突然変異が得られる可能性があることを示しました（図5・5）。そこで、大規模なENU処理により多数のマウスに突然変異を誘発させるプロジェクトが行われました。その中でも特筆すべき成果をあげたのは、タカハシらが行った概日リズム突然変異体のスクリーニングであり、さらに聴覚と平衡感覚に関する突然変異を探すプロジェクトです。

タカハシらは、*Clock* の変異個体の解析で成功をおさめたのち、さらに概日リズムに関する突然変異体のスクリーニングを行いました。このスクリーニングにより、概日リズムが正常個体よりも長く約26時間周期になる突然変異体を得ることに成功し、*Overtime*（*Ovtm*）と名づけました[5-11]。*Ovtm* は概日リズムを生み出す中心となる視交叉上核を含む脳で広く発現しています。この遺伝子がつくり出すFBXL3というタンパク質は、F-boxドメインというタンパク質同士が相互に結合する働きに関わる領域を持ち、ユビキチン転移酵素を介して標的タンパク質を分解するしくみに関わっています。この突然変異は364番目のアミノ酸がイソロイシンからスレオニンに置換されることにより機能が阻害され、標的となるタンパク質の分解ができなくなるのです。そのため、視交叉上核においてはCRY1とCRY2の分解が効率よくできないことにより、これらのタンパク質が長く細胞内に維持され、*Cry* や *Per* 遺伝子の新たな発現の抑制が生じて概日リズムが長くなると考えられています（図5・4参照）。

イギリス医学研究評議会ハーウェルでマウスの遺伝学を発展させたブラウンは、聴覚異常の遺伝的基盤に興味をもち研究を進めてきました。自然に発生した聴覚異常突然変異マウスについては、先に紹介した *waltzer* 変異の解析から *Cdh23* が見つかったように、これまでにも多くの成果が得られていました。しかし、聴覚に関わる蝸牛やコルチ器官を形成するタンパク質をつくり出す遺伝子はまだ数多くあり、それらはヒトの聴覚異常にも関連していると考えられます。そこでブラウンたちは、ＥＮＵを用いた大々的な突然変異体のスクリーニングを行いました［5-7］［5-12］。

彼らは、聴覚や平衡感覚異常に関する異常個体を見つけ出すために、優れたスクリーニング方法を考え出しました。そのスクリーニングでは、クリック音に対する反射や平衡感覚を見る簡単な一次スクリーニングで異常個体を探し、続いて解剖学的解析により聴覚系組織の構造的異常の有無を調べ、さらに聴性脳幹反応という、ある一定の音を聞かせたときに生じる脳波により聴力の異常の有無を解析するなどの一連の解析手順を確立しました。

こうした聴覚や平衡感覚に関する異常個体のスクリーニング手法をＥＮＵによる突然変異の誘発と組み合わせることで、効率よくこれらの異常に関わる突然変異体を見いだしたのです。聴覚や平衡感覚などの内耳における機能は、細胞が形づくる特殊な器官の形態により生み出されています。そこで働く遺伝子に異常が生じることで、細胞形態の異常が生じやすく、それが直接聴覚や平衡感覚などの機能異常につながるためにこのスクリーニングがうまくいったのでしょう。こうしたスクリーニングにより、コルチ器官の感覚毛に異常を示す *Celsr1* 遺伝子を新たに同定するなど、優れた成果をあげているのです［5-13］。

このENU人為的突然変異誘発は、タカハシらの概日リズム変異体スクリーニングでの成功をきっかけに開始されたと言えます。この手法の利点は、対象とする現象のしくみに関する知識がなくても、またあらかじめ仮説を立てなくても、しっかりと表現型を調べることで遺伝的突然変異を得ることができることにあります。

こうしたアイデアに基づき、さまざまな表現形質における突然変異マウスを網羅的にスクリーングする大規模プロジェクトが、日本を含めた世界各国で進められたのです。イギリス医学研究評議会ハーウェルのブラウンらは SHIRPA と呼ばれる表現型を調べるための一連の機能テストからなる解析手順を開発しました。この方法では、マウスの行動形質、神経機能、筋力や感覚器機能などについて広範囲に調べることができます。この中で、ブラウンらは聴覚関連の突然変異個体を多数得ることができたのです。

日本においても、理化学研究所（略称：理研）のゲノム科学総合研究センター（GSC）では、この SHIRPA をもとにさらに形態も調べるための Modified-SHIRPA をつくり、網羅的な突然変異のスクリーニングを行いました。ドイツ放射線研究会（GSF）では、血液関連の形質や形態異常などに関してスクリーニングが行われました。また米国では、ジャクソン研究所をはじめ、オークリッジ国立研究所やベイラー医科大学などで大規模なスクリーニングが行われ、数多くの突然変異体が得られたのです[5-14]。

しかし、ENUによる人為的突然変異誘発には問題点もあります。タカハシらの研究で見つかった*clock*突然変異体は、スクリーニングを開始してから24個体目に見つかった突然変異体です。これは、非常に運が良い特殊な例であり、通常はこれほど高い確率で突然変異体は得られないのです。仮にある遺伝子に突然変異が誘発されたとしても、それは表現型に大きな影響を及ぼす変異かもしれないし、あまり影響を及ぼさない軽度の変異かもしれません。どのような変異を得ることができるか、それは運に左右されているといえるでしょう。実際、タカハシらが報告した*Overtime*突然変異体の研究では、劣性突然変異のスクリーニングだったため、２１６頭の第一世代の個体の変異を調べるために、合計３６０９頭におよぶ第三世代目のマウス個体を解析して突然変異体を得ています。ショウジョウバエなどの小さなモデル動物であれば、多数の個体をスクリーニングすることも比較的容易ですが、マウスで多数の個体をスクリーニングするのは、あまりにも労力とコストがかかりすぎるのです。

このような確率によって生じる突然変異ではなく、狙って遺伝子の変異を導入することができれば、より効率よく遺伝子の機能を解析することができます。そこで多くの研究者は、次の章で紹介するように、遺伝子の変異を自らデザインして導入・作製した変異体を用いて、遺伝子の働きを調べるようになったのです。

6章　遺伝子から行動へのアプローチ

5章で紹介したように、突然変異により遺伝子機能に変化が生じると、その結果みられる形質の変化や異常を調べることで、遺伝子がどのような働きをしているのか詳しく知ることが可能になります。研究者が興味を持っている遺伝子がある場合に、その遺伝子を破壊すれば遺伝子機能を理解するための重要な情報が得られます。

本章では、遺伝子を破壊する方法の開発の歴史と、それを用いた研究について紹介していきます。

1 神経系で発現する遺伝子

1980年代後半になると、分子遺伝学のめざましい進展もあり、さまざまな手法が開発されることで、神経系で特異的に発現する遺伝子も続々と明らかになっていきました。たとえば、神経軸索で発現する遺伝子はミエリン関連遺伝子を中心に多数明らかにされました。さらに、ゲノムプロジェクトがマウスでも進み全ゲノム配列が明らかになると、ゲノム上に存在する全遺伝子のリストも明らかになってきたのです。

このようになってくると、個々の遺伝子機能を知りたくなるものです。仮にある遺伝子が神経系特異的に発現していると、当然のことながら何らかの行動に関連していることも予想されます。

しかし、遺伝子の機能を調べるというのは実際には難しいものです。特に個体レベルで、しかも本書で対象としているような行動表現型における遺伝子機能を調べるとなると、随分道のりは遠いと言わざるをえませんでした。ここで考え得る最も簡単な方法として、その遺伝子を破壊したときにどのような表現型が現れるかを示すことができれば、遺伝子によってもたらされる最終的な影響は知ることができます。このような考え方で発展した方法が、胚性幹細胞（ＥＳ細胞）を用いた遺伝子ノックアウト法です（コラム５）[6-1]。

これまでに紹介してきたように、行動に異常を示す突然変異体があり、それについて原因となる遺伝子を同定することで遺伝子と行動との関係を明らかにする研究が行われてきました。このアプローチは、表現型からそれに関わる遺伝子を探すという遺伝学の本来の解析手法という意味で、順遺伝学と呼ばれています。しかし、この方法は遺伝子を同定するまでに長い期間と多くの労力がかかること、さらに遺伝子を同定するための十分なゲノム情報がなければ遺伝子同定は難しいことから、研究としては効率の悪いものです。そこで、逆に遺伝子の機能を損なった場合に、表現型がどのように変化するか調べれば（逆遺伝学）、遺伝子と表現型との関係をより直接的に効率よく調べられるのではないかという考えが生まれたのです。

コラム５　ＥＳ細胞を用いた遺伝子ノックアウト法の確立

ＥＳ細胞を用いた遺伝子ノックアウト法は、マウスを用いて遺伝子の機能を調べる上で多大な貢献をしてきた手法です。しかし、この手法が確立するためには技術の進歩を待つ必要がありました[6-1]。

ウィグラー（Michael Wigler）らが細胞の核にＤＮＡを導入することに１９７７年に成功すると、１９８０年には、導入した遺伝子がゲノムに組み込まれ、細胞分裂後も安定して維持されることをキャペッキー（Mario Capecchi）らが示しました。その後彼らは、導入するＤＮＡの両側にゲノム上の狙った場所と相同の配列をつないでおくことで、培養細胞内で相同組換えを起こして外来ＤＮＡがゲノム上の目的の位置に組み込まれることを示しました。これにより、ゲノム上の特定の場所に外来ＤＮＡを組み込む技術を確立したのです。

時をほぼ同じくして、新たな培養細胞が誕生しようとしていました。カハン（Brenda Kahan）らは、マウスのテラトカルシノーマという悪性腫瘍からさまざまなタイプの細胞に分化可能な胚性腫瘍細胞（ＥＣ細胞）を樹立することに１９７０年に成功しました。続いて、ミンツ（Beatrice Mintz）とイルメンゼー（Karl Illmensee）は１９７５年に、体のさまざまな組織にＥＣ細胞が取り込まれたキメラマウスを作製することに成功しました。さらに１９８１年にはエヴァンス（Martin Evans）らが、マウスの胚盤胞から内部細胞塊を取り出し、その細胞からあらゆる細胞に分化可能な胚性幹細胞（ＥＳ細胞）を樹立することに成功したのです。

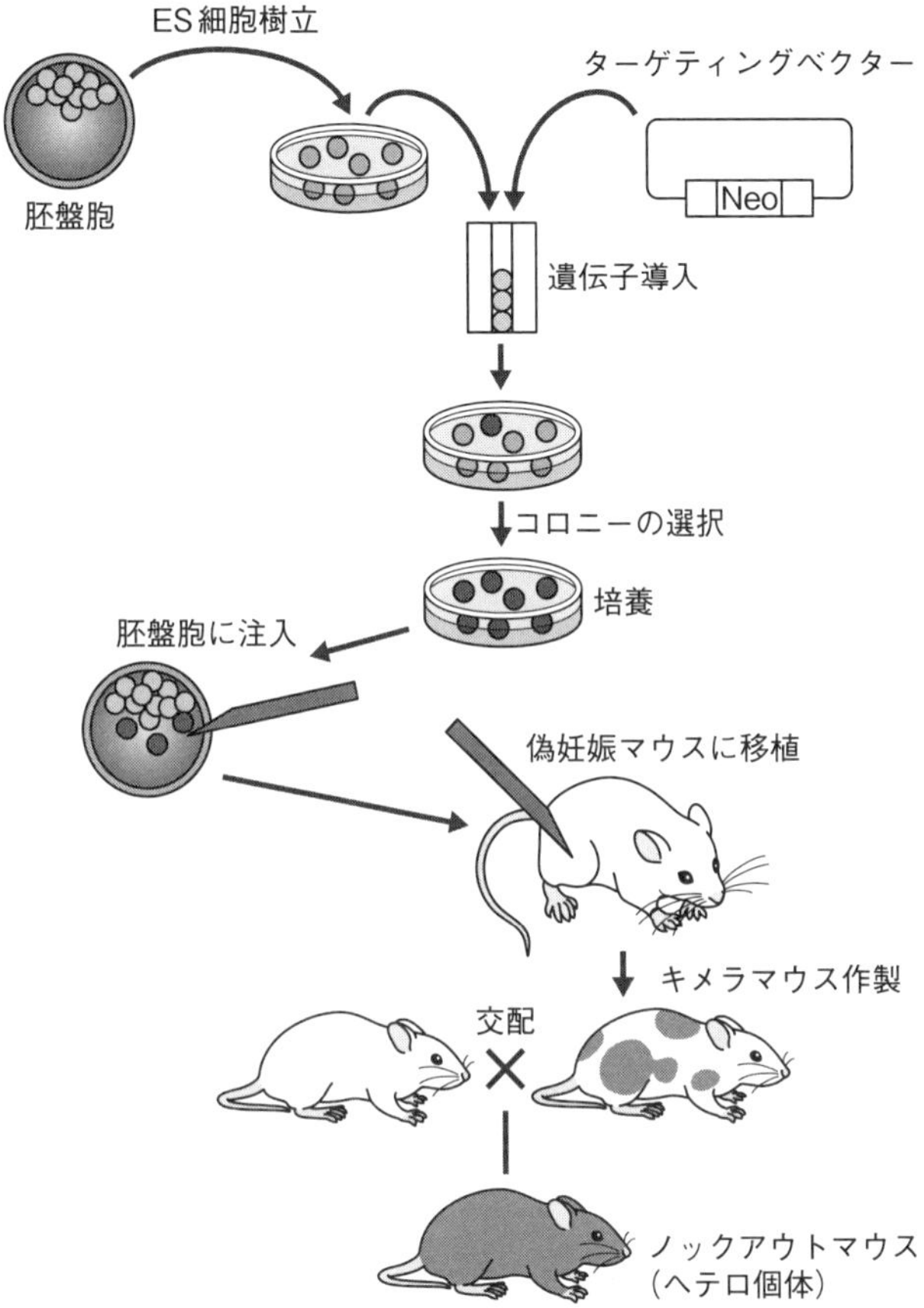

図6·1　ES細胞を用いたノックアウトマウス作製の方法
ES細胞に培養下で遺伝子操作を行い特定の遺伝子をノックアウトした後に受精卵に戻し、個体へと発生させることでキメラマウスを作製することができる。この際、ES細胞由来の細胞が生殖巣に入れば、交配により得られた子孫の中にノックアウトされた遺伝子を持った個体ができる。

ES細胞は、先のEC細胞とは異なり、キメラマウスを作製することで生殖細胞に分化することも可能なので、導入した遺伝子が次の世代にも安定して受け継がれることができました。ES細胞の樹立成功は、キャペッキーらが確立した相同組換えによる外来DNAの組換え技術と組み合わせることで、ゲノム上の遺伝子の改変を生殖細胞に分化する細胞で行うことが可能になることを示すものでした。実際、1987年にはスミティーズ（Oliver Smithies）らが、ES細胞で相同組換えにより *Hprt* 遺伝子を欠損させ、ES細胞のキメラから生殖細胞を経由して次世代に伝わることで、最初のノックアウトマウスを作製することに成功したのです（図6・1）。

その後、この遺伝子ノックアウト技術は遺伝子の機能を調べるために多くの研究者に利用されることとなり、遺伝子の機能を理解するために大きな貢献をしたのです。その功績によりキャペッキー、エヴァンズとスミティーズの三人は2007年にノーベル生理学・医学賞を受賞しています。

2 学習記憶に関わる遺伝子を壊すとどうなるか

遺伝子ノックアウトマウス作製の手法が確立されるや、さまざまな遺伝子について欠損マウスが作製され、表現型への影響が調べられるようになりました。行動に関しても多くの遺伝子について調べられてきました。ノックアウトマウスを用いて遺伝子と行動の関係を調べたのは、

利根川 進らによる研究にさかのぼります。利根川の研究室にいたシルバ（Alcino J. Silva）らは、海馬の後シナプスに多く発現するα-CaMKIIをノックアウトしたマウスでは、外見上顕著な異常は見られないものの、神経細胞における長期増強（ＬＴＰ）が消失していることを示しました[6-2]。

この長期増強の消失は何を意味しているのでしょうか？　カナダの心理学者であるヘッブ（Donald Hebb）は１９４９年に著した本の中で、脳の細胞で記憶が生じる際に、ある神経細胞Ａの発火が、次の神経細胞Ｂの発火を神経的な連絡により繰り返して引き起こすとき、結合が強まり効率が増加するという概念を提唱しました[6-3]。後にこの概念は「ヘッブの学習則」といわれるようになります。

神経細胞間の信号の伝達効率の変化が長期増強であることを考えれば、α-CaMKIIノックアウトマウスで長期増強が消失していたということは、学習記憶能力にも何らかの変化が生じている可能性があります。そこでシルバらは、ノックアウトマウスで学習記憶機能に影響がないか、モーリス水迷路試験という行動テストを用いて調べたのです（図６・２）[6-5]。

この行動テストは、円形の桶に水面下が見えないように濁った水をはり、その水面下にマウスの足がつくプラットホームを沈めます。まず、水面下に沈めたプラットホームに旗をたてて水面を泳ぐマウスに旗の位置が見えるようにして、試行ごとにプラットホームの位置を変更しました。つまり、プラットホームの場所は毎回変更されるものの、マウスは旗をめがけて泳げばプラット

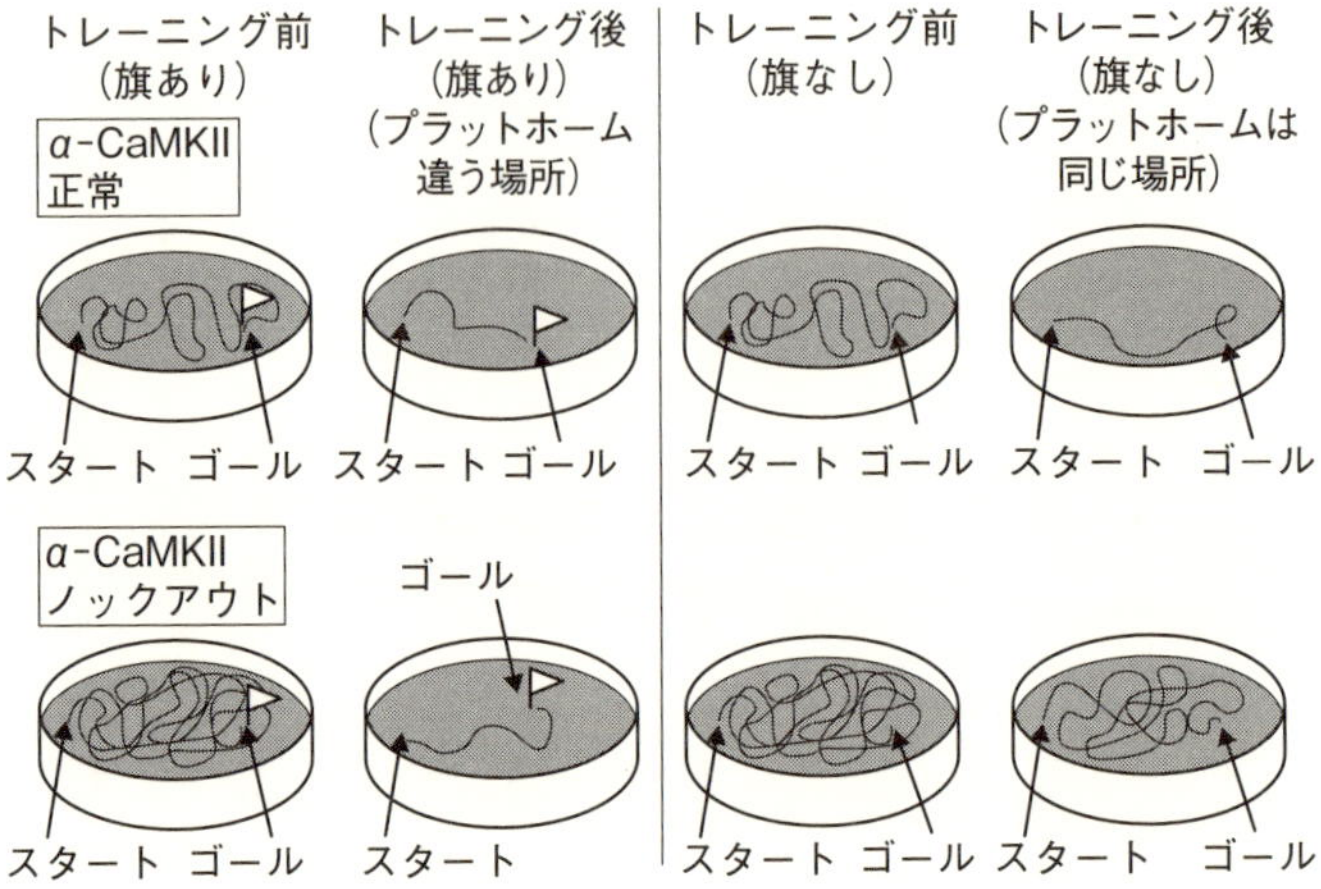

図6·2　α-CaMKII ノックアウトマウスにおける空間記憶障害の解析
モーリス水迷路試験を用いた空間記憶に関する解析。水は濁っているために、泳いでいるマウスには水面下は見えなくなっている。

ホームにたどり着けることになります。

プールに放たれた正常なα-CaMKII遺伝子をもつマウスは、最初の試行では旗で印をつけたプラットホームにたどり着くまでに時間がかかるものの、試行を繰り返すに伴い急速にプラットホームに到達するまでの時間が減少しました。α-CaMKIIノックアウトされたマウスの場合はというと、プールに放たれた最初の試行では、正常なマウスよりもプラットホームにたどり着くまでにより長く時間を要しました。しかし、試行を繰り返すに伴いプラットホームにたどり着くまでの時間は減少し、最終的には正常なマウスと差が見られなくなりました。

次にプラットホームの旗を取り外して、

常に同じ場所にプラットホームを沈めておくようにしました。プールに放たれたノックアウトマウスは、正常なマウスに比べて、プラットホームに到着するまで長い時間を要しました。試行を繰り返すと、ノックアウトマウスも正常なマウスも徐々にプラットホームへの到着までの時間は減少するのですが、その差はなくならなかったのです。

また、すべてのテストが終了した後で、プラットホームを取り除いて再びマウスをプールに放しました。すると、ノックアウトマウスはプールのどの場所もほぼ均等に泳いでいました。一方、正常なマウスはこれまでプラットホームがあった周辺を特に長い時間泳いでいたことから、もともと沈められていたプラットホームの位置を覚えていることが示されたのです。

このように、正常なマウスは空間記憶の能力をもっているものの、α-CaMKII の遺伝子が損なわれたマウスは空間記憶に障害があることがわかったのです。つまりこの結果は、α-CaMKII という遺伝子は、空間記憶をする際の海馬の神経細胞の長期増強において重要な役割を果たしており、その遺伝子が機能しないと長期増強が消失して空間記憶の能力も阻害されるということを直接的に非常に美しく示したのです。この成果は、マウス個体において、遺伝子一つを破壊することで、学習記憶機能に異常を生じることを示した点で、重要な研究となりました。

3　攻撃行動を誘発する遺伝子変異

マウスは社会的な動物ですが、オスは自分のゆるやかな縄張りをもち、その中で他のオス個体に出会うと自分の縄張りを守るために攻撃をしかけます。その際に見られる攻撃行動には2種類あると考えられています。一つは自ら攻撃を仕掛ける攻勢的攻撃行動、もう一つは相手の攻撃行動から身を守る際に見せる、いわゆる「窮鼠《きゅうそ》猫をかむ」的な防御的攻撃行動で、攻撃性と恐怖の両方が関与していると考えられています。

実は、先に紹介した利根川らのグループの研究者が、α-CaMKII のヘテロ変異マウスを飼育しているときにあることに気づきました。このマウスのオス間で高い頻度の攻撃行動がみられ、しばしば致命的な怪我をしていることさえあったのです。そこで、α-CaMKII の変異が攻撃行動に影響しているのか調べました[6-6]。縄張り行動に伴う攻撃行動は、居住者―侵入者テストという方法で調べることができます。テストケージで4週間にわたって単独で飼育されたマウスは、そのケージを自分の縄張りと認識するようになり、そのあとに入れられたマウスを自分の縄張りへの侵入者として攻撃するようになるのです。この居住者―侵入者テストでは、不思議なことにというべきか当たり前というべきか、居住者がほぼ優位に立ちます。自分の縄張りを守るという責任を背負っているためか、あるいは侵入者側に慣れない場所に入ってしまったという不安があるためか、あるいはその両方か、居住者が侵入者に対して攻撃行動を仕掛けて優位に立つことが多いのです。

このテストで、α-CaMKII 変異のヘテロマウスのオスを居住者にした場合、そのヘテロ個体が示す攻撃行動は、野生型のオスが示す攻撃行動とそれほど違いはありませんでした。しかし、ホモマウスのオスは、ほとんど攻撃行動をしなくなったのです。

次に、侵入者としてヘテロマウスを用いると、居住者のオスが示す攻撃行動に対して、高いレベルの防御的攻撃行動を示しました。それは、野生型のオスマウスを侵入者にした際に示す防御的攻撃行動よりも高いレベルだったのです。このことから、α-CaMKII に変異があると、自ら攻勢的攻撃行動を示すことは少なくなりますが、攻撃行動を受けた際に示す防御的攻撃行動は逆に高くなり、まるで「売られたケンカは買う」マウスになっていたのです。一方で、α-CaMKII の変異マウス個体は、別のテストにより不安様の行動が低くなっていることがわかりました。したがって、怖がらないことが、売られたケンカを買う傾向と関連しているのかもしれません。

また、α-CaMKII 変異マウスでは、攻撃行動の制御において重要な役割を果たしている背側縫線核という脳領域におけるセロトニン放出が減少していることもわかりました。したがって、このセロトニン減少が攻撃行動の変化と関連していることが示唆されたのです。セロトニンは、うつや不安、衝動的攻撃性などに関わる神経調節作用をもつ物質です。このセロトニンがもつ多様な作用は、少なくとも14種類以上あるセロトニン受容体の効果により生じると考えられています。

そのうち、5-HT1B受容体は、さまざまな脳領域で発現しています。薬理学的な研究結果からは、5-HT1B受容体を特異的に薬剤により活性化することにより、不安様行動や活動量の増加、摂食量、性行動、さらに攻撃行動などの減少が生じることが示唆されていましたが、逆にその機能を阻害するとどのような影響が出るかは明らかになっていませんでした。

フランスのストラスブールにある国立科学研究センター（CNRS）国立衛生研究所のヘン（René Hen）（現在はコロンビア大学）らのグループは、5HT1B受容体を破壊したマウスを作製し、行動への影響を調べました[6-7]。まず、活動量に変化があるか調べましたが、野生型と比較して違いは見られませんでした。次に、先に紹介した居住者―侵入者テストにより攻撃行動に違いがあるか調べました。テスト用ケージで4週間にわたって単独で飼育された居住マウスは、後から入れられた侵入者に対して、野生型よりも早く攻撃行動をしかけて、しかも高い頻度で強い攻撃を見せることがわかりました。このように、セロトニン受容体の一つである5-HT1Bは攻撃行動に重要な役割を果たしていることがわかったのです。

一酸化窒素は、窒素と酸素からなる単なる無機化合物にすぎませんが、生体内では一酸化窒素合成酵素（NOS）によってアルギニンから合成され、細胞内のグアニル酸シクラーゼを活性化してサイクリックGMPを合成させることでシグナル伝達に関与しています。神経細胞では、神経伝達物質としての働きをもちますが、通常の神経伝達物質とは異なり、広い範囲に拡散して神経細胞の活性に影響を及ぼすことがわかっていましたが、その神経機能における役割はよくわかっていませんでした。

マサチューセッツ総合病院のファアン（Paul L. Huang）らは、神経型ＮＯＳの遺伝子を破壊したマウスを作製し、その影響を調べました。そのマウスは、外見は正常で、活動量や繁殖、長期増強といった形質は正常でした。さらにネルソン（Randy J. Nelson）やファアンらによる詳細な解析により、神経型ＮＯＳの欠損したオスマウスは、他のオス個体に対して早く攻撃行動をしかけるとともに高い頻度で攻撃することがわかりました。また、相手が発情期にないメス個体の場合は、正常なマウスは最初にマウンティング行動を示すものの、その後は急速にしなくなっていくのに対して、神経型ＮＯＳ遺伝子が欠損したオス個体は、高い頻度で執拗にマウンティング行動を示すことがわかりました。このように、神経型ＮＯＳは、オスが示す他のオス個体に対する攻撃行動や、メス個体に対する交配行動を適度なレベルに抑制する働きがあることがわかったのです。

4　遺伝子のデータベースとすべての遺伝子のノックアウト

ここまで述べてきたように、特定の遺伝子をノックアウトするアプローチは、遺伝子の機能を個体の表現型レベルで効果的に明らかにしてきました。これらの研究で壊す対象となる遺伝子は、それぞれの研究者がさまざまな研究を行っていく過程で見つけたものもあれば、文献を調べたりして興味をもった場合もあるでしょう。特に研究の過程で見つけた新奇の遺伝子があれば、それをノックアウトして遺伝子の機能を調べたくなるものです。ただ、最近では全ゲノム配列が解読されて遺伝子データベースもつくられていることから、新奇の遺伝子を見つけることはあまり期待できません。

マウスの全ゲノムの解読は２００２年に完了しました。その際、マウスゲノムには約３万個のタンパク質をコードする遺伝子があると報告されています。したがって、これらのデータベースを見れば、ゲノムのどこにどのような遺伝子が存在しているのかすぐわかるように情報が整備されています。このような遺伝子のデータベースの代表的なものの一つに、全長の遺伝子産物（完全長）の情報を有するｃＤＮＡのデータベースがあります。

細胞から得られたＲＮＡをもとにして作製されたｃＤＮＡライブラリーから得られたＤＮＡクローンの5′末端かあるいは3′末端の塩基配列を解読したものはＥＳＴとよばれ、データベースに登録されるようになりました。つまり、発現している遺伝子の配列の一部の情報がデータベース上に公開されるようになったのです。しかし、ESTでは遺伝子としての情報の一部分しかわからないため、多くの実験には使いにくい問題がありました。それに対して、理化学研究所の林崎良英らは完全長のcDNAクローンを得て、それらの配列情報を公開するとともに、cDNAクローンも分与する、マウスcDNA百科事典プロジェクトを開始したのです。この完全長cDNAにはタンパク質をコードするために必要な遺伝情報がすべて含まれており、研究にはとても有用です。さらに、遺伝子の機能注釈をつけるための世界基準を開発し、発現部位とその機能なども含めた情報をデータベースとして公開するFANTOMプロジェクトを開始したのです。このプロジェクトは、マウスのみならずゲノムや遺伝子の研究をしている研究者には多大な貢献をしました。なぜなら、調べたいと思っている遺伝子の情報がそのデータベースにほぼすべて整理されて掲載されているのです。

さて、研究者はこうした遺伝子データベースをもとに、自分の興味をもっている遺伝子を探し出し、そのゲノム配列も得ることにより遺伝子をノックアウトすることができるようになりました。このような遺伝子情報の充実とともに、ES細胞の培養法の改良や新たな細胞株樹立などによって遺伝子ノックアウトの効率が良くなってきたこともあり、より多くの遺伝子がノックアウトされるようになってきました。やがて、いっそのことゲノム上のほぼすべての遺伝子をノックアウトすれば、高次機能が生み出されるしくみが明らかになるのではないかと考える研究者も出てきました。ほぼすべての遺伝子のノックアウトマウスの表現型を広範囲にわたって調べることで、遺伝子の機能をより明らかにできるのではないかと期待されたのです。こうして、イギリス、ドイツ、米国と日本によるコンソーシアムで、目標2万個の遺伝子のノックアウトマウスについて網羅的に表現型を解析しようとするプロジェクト、IMPCがスタートしました。このアプローチはある意味において、ENUミュータジェネシス（5章4節参照）ですべての遺伝子についての突然変異体を作製し、その遺伝子機能を解明しようとするアプローチの延長上にあると言えます。今後は、いずれかの遺伝子に着目して研究を行おうという際に、おおまかな遺伝子ノックアウトの表現型を参考にした上で詳細な研究に踏み出すことができるようになるでしょう。

以上述べてきたように、ES細胞を用いて遺伝子をノックアウトする手法が確立されて以降、遺伝子機能を調べる分子遺伝学的研究は飛躍的に進歩しました。この遺伝子ノックアウト法の確立に貢献したキャペッキー、エヴァンズとスミティーズの三人が2007年のノーベル生理学・医学賞を受賞したのは、この方法が生命科学にもたらした大きな貢献に基づいているのです。

7章　遺伝子機能解析のための新たなツール

遺伝子をノックアウトする手法は、目的の遺伝子の働きを効率よく調べるために有効な手段となり、研究の進展にも大きく貢献してきました。しかし、より詳しく遺伝子の機能を調べようとすると、ただ遺伝子をノックアウトするだけでは不十分で、それ以外のツールも必要になってきました。この章ではそうした新たなツールについて紹介していきます。

1　狙った組織や狙った時期に遺伝子をノックアウトする方法

ここまで述べてきたように、α-CaMKII、5-HT1B、NOS遺伝子をノックアウトしたマウスで攻撃行動に変化がみられるケースを紹介してきました。これらの実験では、その個体のすべての細胞で遺伝子がノックアウトされています。しかも受精したときから発生、生後の発育、さらに成体になってからのすべての時期でその遺伝子は壊れているのです。こうした遺伝子の完全なノックアウトは、特定の遺伝子のノックアウトが個体に対して影響があるのか調べるためにはとても有効です。しかし、実験結果によっては解釈が難しいケースも生じてくることがわかりました。

たとえば、すべての神経細胞で発現している遺伝子Xを破壊すると、十分に成熟した成体における学習記憶の能力に障害がみられたとします。このとき、成体でみられた学習記憶能力の障害が、成体の神経細胞における遺伝子Xの機能がないことで生じたものなのか、それとも発生・発達段階での神経細胞で遺伝子Xがうまく機能しないことにより生じたものなのかわからないのです。このように、調べようとしている遺伝子が発生段階や発育時期さらに成体になってからも発現している場合は、実験結果の解釈が難しくなります。また、発現部位が、さまざまな脳領域に分布している場合、得られた行動異常がどの脳領域の影響により生じているのかわからないという問題も生じてきます。このように、遺伝子の破壊が表現型としての行動に影響を及ぼすことがわかっても、中はブラックボックスのままで詳細な機能はわからないということもあり得るのです。そこで、遺伝子の機能をもっとよく知りたい、また遺伝子が働いている脳領域を詳細に調べたいという欲求が生じてきたのです。こうした要望に対してさまざまなツールが開発されてきています。それでは、より詳しく遺伝子の機能を調べるための手法について紹介しましょう。

2　狙った細胞で特定の遺伝子を壊すハサミ

大腸菌に感染することによって自らのゲノムDNAを増やすバクテリオファージP1は、Creという組換え酵素が、自身のゲノムにある34塩基からなるloxPというターゲット配列を認識して、組換えを起こすことで環状化して増やすことができるようになります。1987年にサワー

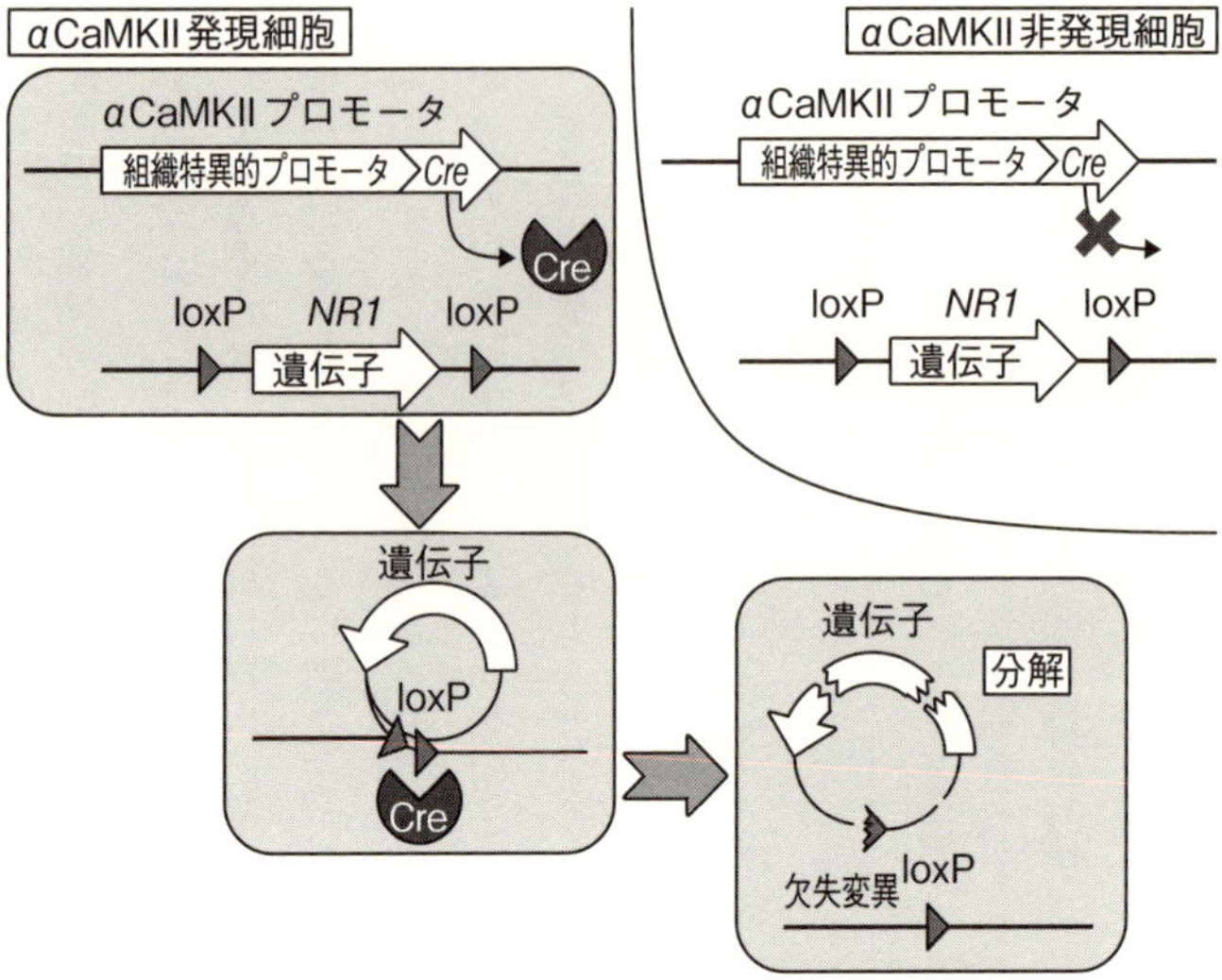

図 7·1　Cre の組織特異的発現とそれによる特定の細胞における遺伝子ノックアウト
Cre 遺伝子が発現していないときは遺伝子には何も起きないが、ひとたび *Cre* 遺伝子が発現して同一細胞内に Cre が存在すると遺伝子の欠失変異が生じる。

(Brian Sauer) はこの配列特異的な組換え系に着目し、それを酵母細胞内での組換えに利用することを考えつきました。これを皮切りに他の生物種、マウスにおける条件的組換え系に利用されるようになったのです。

マウスの遺伝子を最初からノックアウトする代わりに、あらかじめ遺伝子の重要部分、たとえばタンパク質コード領域を含むエクソン領域を挟むようにして両側のイントロン内にそれぞれ loxP 配列を同方向に向けて入れておきます（図7・1）。そうすると、通常の状態では遺伝子は問題なく発現して機能することができます。その一方で、*Cre* 遺伝子が同じ細胞内にあり発現すると、loxP 配列で挟まれた配列が組換えにより切り取られることになります。このようにして、重要配列を失った遺伝子はもはや正常に機能することができなくなるのです。

このとき、*Cre* 遺伝子をいつ、どの細胞で発現させるかコントロールすることで、さまざまな目的で遺伝子を操作することができます。そこにこの手法の面白さがあると言っても過言ではありません。たとえば、NMDA 型グルタミン酸受容体は動物の生存にとって不可欠の役割を果たしており、その必須サブユニットをコードする遺伝子 *NR1* をノックアウトすると生後すぐに致死となります。利根川研究室にいたチェン（Joe Tsien）らは、*NR1* 遺伝子のタンパク質コード領域のエクソンを挟むように、二つの loxP 配列を遺伝子に挿入した（flanked by loxP: floxed といいます）マウスを作製しました。このマウスを用いて、Ｃｒｅが発現する細胞のみで遺伝子を壊そうと考えたのです（図７・１）。では次に、どの細胞でＣｒｅを発現させるのかが問題になります。

先に紹介した α-CaMKII は、マウスの生後に海馬、大脳皮質や視床などの前脳領域で興奮性の神経細胞特異的に発現することがわかっています。チェンらは、α-CaMKII 遺伝子のプロモータにより制御を受けてＣｒｅタンパク質を発現するようにデザインしたトランスジェニックマウスを作製したところ、具合のよいことに、トランスジェニック系統の中に海馬のＣＡ１領域のみで

Creを発現する系統を見いだしました［7-1］［7-2］［7-3］。これらのマウスを交配することで、海馬のCA1特異的に発現したCreにより*NR1*がノックアウトされてNMDA型グルタミン酸受容体を働かなくすることに成功したのです。

このマウスを用いてモーリス水迷路テスト（6章2節および8章7節参照）により空間記憶の能力を調べると、海馬のCA1特異的に*NR1*がノックアウトされたマウスはCA1のLTP長期増強が阻害されており、それに伴い空間記憶が阻害されていることがわかったのです。このように、loxP配列で壊したい遺伝子の重要領域を挟んだfloxedマウスと、組織あるいは発生段階特異的にCre組換え酵素を発現するCreマウスを組み合わせることで、さまざまな生命現象における遺伝子機能の解明に迫れる可能性が示されたのです。

3 遺伝子のスイッチ

先に紹介した*Cre*遺伝子を発現させたいタイミングで自在に発現させることができれば、さまざまな目的の実験に利用できます。たとえば、あるストレスを受け始めたタイミングで遺伝子を壊すと、ストレスに反応するパスウェイを阻害することができます。

最近では、狙った時期に特定の薬剤を投与することで目的の遺伝子を発現させる「Tet-Onシ

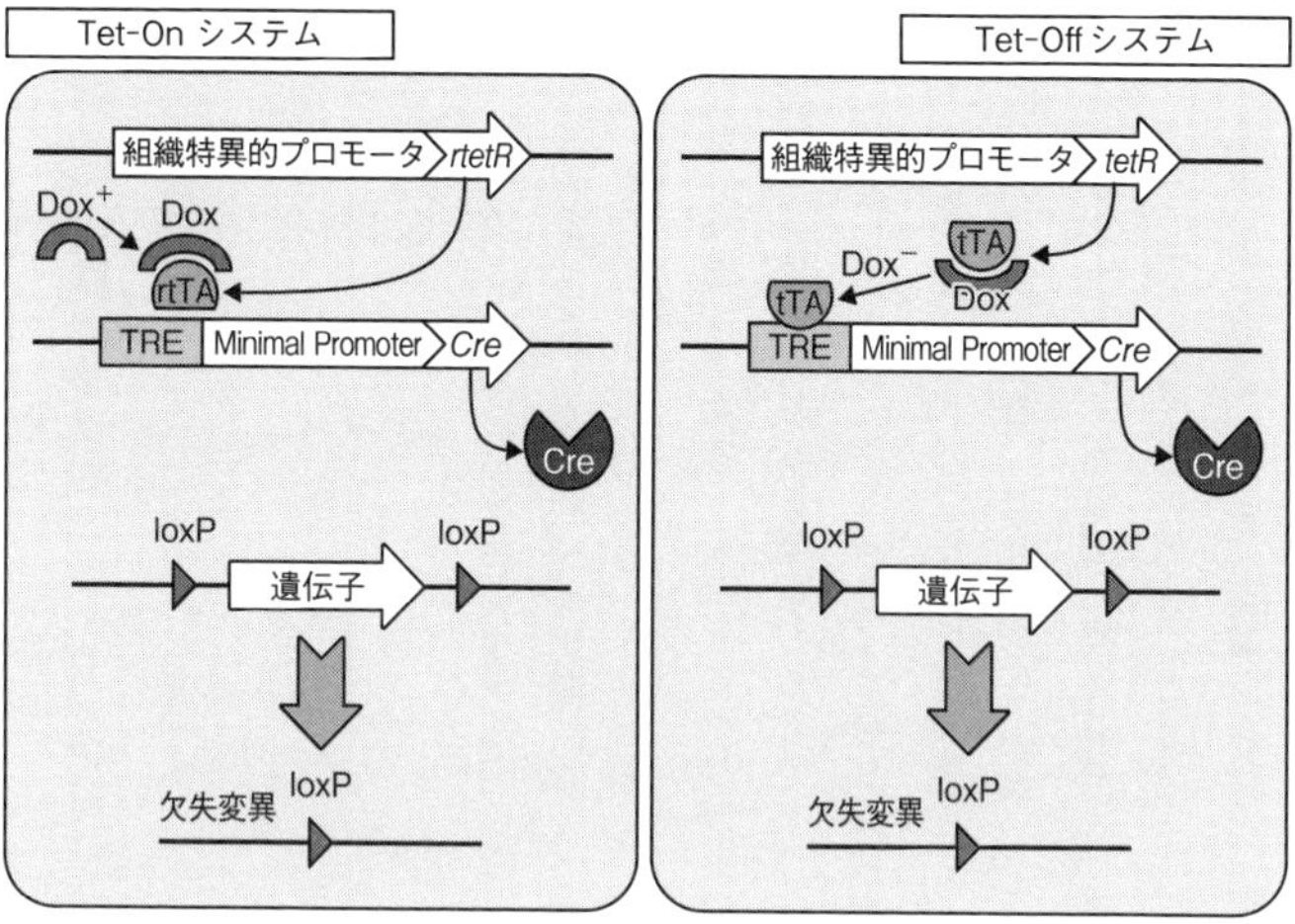

図7·2　狙ったときに遺伝子をオンまたはオフにできる Tet-On/Off システム

ステム」と、逆に発現を抑制する「Tet-Off システム」がつくられて盛んに利用されるようになりました（図7·2）（コラム6）。

この「Tet-On や Tet-Off システムは、狙ったタイミングで遺伝子を働かせることが可能なため、先に述べた Cre-loxP システムのＣｒｅ依存的組換えを目的に合ったタイミングで起こさせることが可能になります。まず組織特異的な発現をする遺伝子プロモータ下に *Cre* 遺伝子を入れておき、なおかつその発現のタイミングをＤｏｘで制御することで、時間および空間的に正確な制御下で組換えを起こさせることができるようになったのです。そのため、さまざまな遺伝子やその発現調節に関わるＤＮＡ配列を組み合わせた形でのトランスジェニックマウスおよびノックインマウスが作製されています。こうしたマウスを用いることで、思い通りの組織で特異的にＣｒｅを発現させたり、あるいは思い通りのタイミングで遺伝子を壊したり逆に働くようにしたりできるようになってきたのです。

コラム6

ゴッセン（Manfred Gossen）とブジャード（Hermann Bujard）は、１９９２年にとても優れた系を考案しました[7-4]。大腸菌のテトラサイクリン耐性オペロンで働くＴｅｔリプレッサータンパク質（TetR）とＴｅｔオペレーターＤＮＡ配列（tetO 配列）をもとに、抗生物質のテトラサイクリン誘導体であるドキシサイクリン（Ｄｏｘ）を投与することで、可逆的に目的遺伝子の発現を調節できるシステムを考案したのです。この系では tetR はテトラサイクリン非存在下で tetO 配列に結合しますが、テトラサイクリンが結合すると tetO 配列に結合できなくなるという性質を利用しています。このシステムの改良型がいくつかつくられ、現在一般には、Ｄｏｘ存在下で目的の遺伝子を発現させる「Tet-On システム」と、Ｄｏｘ存在下で目的遺伝子の発現を抑制させる「Tet-Off システム」がつくられて、多用されています（図７・２）。

Tet-Off システムでは、テトラサイクリン制御性トランス活性化因子（ｔＴＡ）が発現すると tetO 反復配列をもつテトラサイクリン応答因子（ＴＲＥ）と結合して下流の遺伝子の発現を誘導しますが、Ｄｏｘ存在下ではＴＲＥに結合活性をもたず発現が誘導できなくなるシステムです。

Tet-Onシステムでは、リバーステトラサイクリン制御性トランス活性化因子（rtTA）が発現すると、そのままでは何も活性はありませんが、Ｄｏｘ存在下でＴＲＥと結合するようになり、その下流の遺伝子発現が誘導されます。

これらの方法では、Ｄｏｘはマウスの餌に混ぜたものを与えることで容易に投与することができます。投与から遺伝子発現が実際に制御できるまでに時間のギャップがあるものの、容易に遺伝子発現を制御できることと、Ｄｏｘの濃度に依存して遺伝子発現が制御できるなどの特徴もあります。

これらの方法を用いて、現在、さまざまな遺伝子の機能に迫る研究が行われています。メイフォード（Mark Mayford）らは、Tet-Offシステムを用いてマウスの空間記憶に関わる神経メカニズムの解析を行いました（図７・３）[7-5]。先にも述べたように、α-CaMKIIは空間記憶において重要な役割を果たしていますが、実は通常細胞内に存在するα-CaMKIIは非活性型であり、ひとたび神経が活性化してカルシウムの濃度が上がると、２８６番目のアミノ酸であるスレオニン（Ｔｈｒ）が自己リン酸化されてカルシウム非依存的な活性型に変換されます。この２８６番目のアミノ酸がＴｈｒからアスパラギン（Ａｓｐ）に変化したCaMKII-Asp^{286}は、常時活性型の状態と同様の機能をもつ産物になるのです。このCaMKII-Asp^{286}をtetO反復配列をもつプロモータ下につないだトランスジェニックマウスを作製し、α-CaMKIIプロモータ下でｔＴＡを発現するトランスジェニックマウスと交配して二つのトランスジーンを共存させると、Ｄｏｘの非投与下ではCaMKII発現細

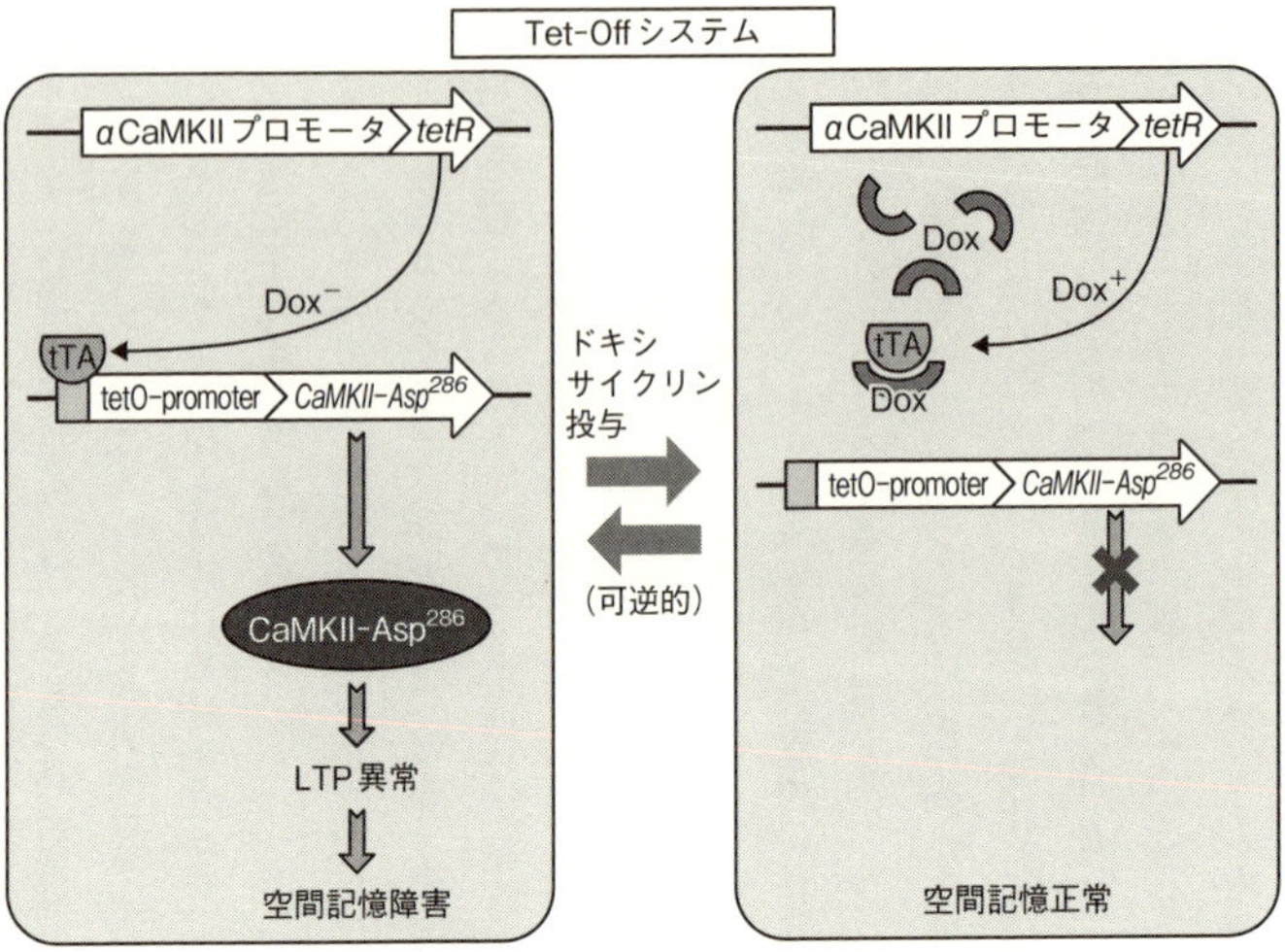

図 7·3　Tet-Off システムを用いた遺伝子機能の解析例

胞でtTAを発現し、それによりtetO プロモータ下の CaMKII-Asp286 を発現するようになります。この状態のマウスでは長期増強が異常となり、空間記憶にも障害がみられます。しかし、Doxを投与すると CaMKII-Asp286 の発現が抑制されて空間記憶が正常になることを示しました。前脳における α-CaMKII の働きに異常が生じると空間記憶は正常に機能せず、それは正常な α-CaMKII を発現させることで回復できることを示すことで、この異常が可逆的なものであることを明らかにしたのです。

4 細胞を活性化させるスイッチ

特定の神経細胞を思った通りのタイミングで領域特異的に活性化できれば、神経細胞の機能や高次機能に関わる神経回路をより詳細に解析できます。そのような実験が、光遺伝学（オプトジェネティクス）という手法の登場で可能になりました。

生物は進化の長い時間をかけて、地球上に太陽から降り注ぐ光を受容してそれをさまざまな生命活動に利用するようになってきました。塩分濃度の高い湖などに生息しているハロバクテリウム綱に属する古細菌である高度好塩菌は、微生物型ロドプシンであるバクテリオロドプシンやハロロドプシンを発現しています。ハロロドプシンは黄色光（589 nm付近）に反応して塩化物イオン（Cl^-）を膜内に流入させることができます。高度好塩菌は、これらのロドプシンタンパク質が受容した光エネルギーを使ってチャネルのイオンポンプ作用を起こし、高塩濃度の水の中でも適切な浸透圧調節を行うことができるのです（図7・4）。

また、単細胞緑藻類クラミドモナスの一種であるコナミドリムシ（*Chlamydomonas reinhardtii*）の眼点には2種類の光受容チャネルロドプシン（ChR1とChR2）を発現していることが知られており、これらの働きによりクラミドモナスは走行性や光驚動反応を示します。ChR2は、青色光（470 nm付近）に反応してNa^+やCa^{2+}を膜内に流入させる非選択的陽イオンチャネルを形成す

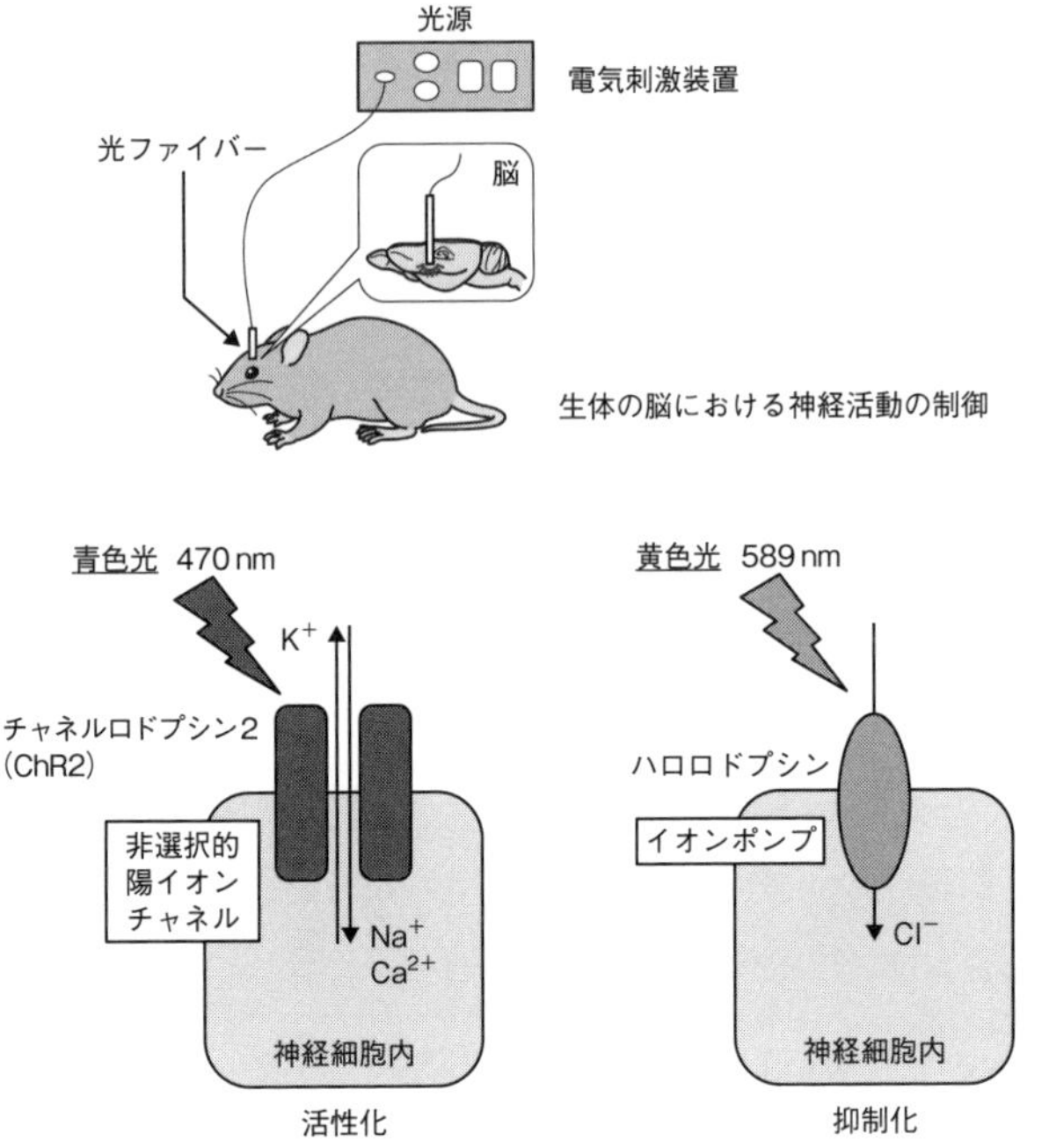

図7·4　光活性化タンパク質を用いたオプトジェネティクスの概略

る、イオンチャネル型の光活性化タンパク質であることがわかっています(図7・4)[7-6]。

スタンフォード大学のダイサロス(Karl Deisseroth)らは、ラット新生仔から取り出した海馬の細胞を培養し、それにレンチウイルスを用いてChR2を導入して発現させました。この培養下の神経細胞に青色光を照射することで、神経活動をミリ秒単位という正確な制御で活性化させることに成功しました[7-7]。さらに、東北大学の八尾 寛らのグループは、トガウイルス科アルファウイルスに分類されるシンドビスウイルスを用いて、ChR2をマウスの海馬にインジェクションして感染させることで強制的に発現させました。ChR2を発現している神経細胞は形態的にも正常で、その細胞に光を照射することで、光の強度に依存的に活動電位を起こさせることに成功しました。これら多くの研究により、成体でも光受容タンパク質を発現させることにより、神経活動を光の照射で制御できることがわかったのです。

カリフォルニア工科大学のアンダーソン（David Anderson）らは、視床下部腹内側野の腹外側域（VMHvl）をChR2の発現と光照射による刺激で直接活性化させると、オスマウスの攻撃行動を引き起こすことを示しました。この攻撃行動は異常なレベルで、オス個体に対する攻撃だけでなく、本来攻撃を示さないはずのメスや、手袋のような物に対しても攻撃行動を示したのです。このことから、VMHvlには直接攻撃を開始させる重要な役割があることがわかりました[7-9]。

このように、光遺伝学は、行動と神経細胞との関連や、神経回路がどのような行動を調節しているのかを明らかにする上で、非常に重要な手法になっています。さらに、細胞や遺伝子を活性化させたり抑制したりするためのツールは今後も改良され、新たに開発されるものも出てくるでしょう（コラム7）。このようなツールは、行動に関わる遺伝子の働きを詳しく調べる上で今後も大きな役割を果たすことが期待されます。

コラム7

最近、神経細胞を特異的に活性化または抑制化するために、DREADD法が開発され、多くの研究に使われるようになっています。この方法では、遺伝子改変したGタンパク質共役受容体(GPCR)を用いますが、そのとき共役するGタンパク質の違いで作用が異なります。Gq共役型GPCRを用いることで神経細胞を活性化することができる一方、Gi共役型GPCRを用いると神経細胞を抑制することになります。ここで、GPCR特異的なリガンドであるclozapine N-oxideを投与するタイミングを変えることで、GPCRをいつ神経細胞で働かせるか、薬物依存的に決めることができるのです。

この方法において、ウイルスを用いて特定の脳領域に改変型GPCRを導入したり、遺伝子発現ベクターを工夫して、特定の神経細胞で発現させたりすることで、多様な実験をデザインすることができるようになってきました。今後は、さらに受容体やリガンドをデザインすることで、さまざまな実験に利用可能な手法が開発されると思われます。

8章　行動を比較するために

マウスがどのような行動をしているのか、それを示すのは案外難しいものです。5章で紹介したように、遺伝子の突然変異により生じる行動異常の場合は、旋回運動であったり、歩行異常であったりというように、明らかに異常とわかるものもあります。しかし、突然変異の多くや、さらには系統比較のような場合には、行動の違いを定量化して示す必要があります。そのために重要になるのが行動テストです。この章では、マウスで用いられているさまざまな行動テストの中から、主要なものをいくつか選んでご紹介します。

1　行動テストで得られるデータが意味することとは

先に紹介した、2万個の遺伝子のノックアウトマウスについて網羅的に表現型を解析するプロジェクトＩＭＰＣでは、形態から発生、生理機能、さらには行動まで可能な限り網羅的に表現型を調べようとします。これは簡単そうに聞こえますが、実はそれほどたやすいものではありません。それぞれのテストで調べられる表現型は限られており、それに対して動物の表現型ははるかに膨大な要素で構成されているからです。したがって、網羅的と言いながらも、それで調べられることは限られていることを十分に認識しなければならないのです。

また、遺伝子のノックアウトによる影響を調べるにあたって、環境の影響をできるだけ受けないようにして、その遺伝子の異常が直接的に現れる表現型を見いだす必要があります。対象とする遺伝子の機能に関する知見が少なく、どのような行動に影響がでているかわからない場合は、複数の行動テストを実施することで、どのような行動に異常が生じているのかより深く理解することが可能になります。しかし、それぞれの行動テストで得られる結果は、マウスの行動に関わるさまざま特徴が複雑に相互作用して現れたものなので、それだけで行動の特徴を示すことはできません。したがって、遺伝子変異をもつマウスの行動の特徴を正確に調べるには、やはり複数の行動テストで得られた結果を総合的に評価して判断しなければならないでしょう。そのためには、いろいろな異なった角度から行動を解析できるようなテストが必要になります。

2　感覚機能を調べる（味覚・嗜好性）

動物はさまざまな食物を口から摂取するわけですが、その際に食べられるものと食べられないものを区別し、さらに好みと空腹の状態により摂取するかしないかの判断をすることが求められます。その際に、味覚は動物が摂取の判断をする上で重要な情報になります。味覚やそれに対する嗜好性は、飲み水として与えることで調べることができます。実験には、飲水量測定用の専用のボトルを用います。専用ボトルは、正確に測定するために飲水用ノズルにボールが入っていて、マウスが飲水する際や飲水していないときに無駄な漏れがないので便利です（口絵Aページ上段右）。飲水量測定ボトルに溶液を入れた状態で、飲水実験前と実験後の重量を測定し、その差を計算することで飲水量を調べることができます。

嗜好性を調べるためには、コントロールの水を入れた飲水ボトルと試験溶液を入れたボトルの二つを準備し、同時にマウスケージに設置します（2-ボトルテスト）。マウスはこのいずれでも自由に摂取できるようにして、一定の時間後に飲水量を測定します。場所に対する好みがあるといけないので、翌日には二つのボトルの場所を入れ替えて再度同じ時間テストして、その平均値をその試験時間の飲水量とします。「コントロール水」の飲水量に対する「試験溶液」の飲水量の割合を計算することで嗜好性を調べることができます。筆者らはこの方法を用いて、苦みに対する感受性を調べてきました[8-1]。

一方、一つの飲水ボトルのみで実験することで、どの程度試験溶液を摂取することができるのか調べることができます（1-ボトルテスト）。このテストでは、試験溶液を与える時間帯と、水を摂取できる時間帯を交互に設定して実験します。

筆者はこの1-ボトルテストで辛味（カプサイシン）に対する感受性を調べて、その後2-ボトルテストによりカプサイシン溶液を嗜好したかどうかという結果と比較しました。その結果、1-ボトルテストでは、水とまったく同量飲水していた濃度のカプサイシン溶液でも、2-ボトルテストで調べると、もっぱら水を選択していたことがわかりました［8-2］。このように、1-ボトルテストと2-ボトルテストではテストの意味するところが違うと考えられるので、実験計画にあたっては注意が必要です。

3 感覚機能を調べる（痛覚）

痛覚は、動物が自身に生じている危機を素早く察知して、それに対する適切な対応をするためになくてはならない感覚機能です。痛覚からの刺激を受けることで瞬時に身を避けることにより、重大な損傷から身を守ることが可能になるのです。このように痛覚は、動物の生存において重要な役割を果たしていると言えます。

マウスにおける痛覚機能は、ホットプレートテスト（口絵Aページ 中段左）やテールフリックテスト（口絵Aページ 中段右）で調べることができます。動物において、感覚神経上の痛覚受容体を介して中枢に伝達された痛み刺激は、上位中枢に伝達される場合と、脊髄後角から侵害反射（痛みを感じたり組織の損傷が起こりそうなときに生じる反射）の系に送られる場合があります。ホットプレートテストは、このうち上位中枢により制御される痛覚反応を調べるものです。

このテストでは、マウスが逃亡しないように周囲を透明のアクリル板で囲んで、52℃に設定した保温プレートを用います。このプレート上にマウスを静かに移し、その後のマウスの行動を観察して、マウスが後肢を振るまでの時間や後肢をなめるまでの時間を測定します。通常マウスは後肢をなめる行動は示さないので、この行動はマウスが顕著な痛みを認識している指標となります。ジャンプした場合は熱から逃避しようとしていると考えられるので、そこでテストを強制的に終了します。

テールフリックテストは、侵害反射が関与する痛覚感受性試験としてよく知られています。マウスを黒いベルベットの布などで簀《す》巻きにして包み、テールフリック装置上に軽く押さえて置き、その尾を自然な形になるように押さえながら熱投射口に置きます。尾が落ち着いて脱力したら、装置をスタートさせてマウスの尾に投射熱を与え、脊髄反射により尾を振り払うまでの潜時を測定します。投射熱を与える場所をずらしながら、三度測定してその中間値をデータとして用います。通常この反射までの時間は数秒と短いので、装置の自動センサーを使った計測が必要です。

4 活動量を調べる

活動量を調べるのは簡単そうに見えて案外難しいものです。まず、何をもって活動量とするかが問題になります。たとえば、ジョギングをしている人と卓球をしている人では、まったく異なった質の活動ですが、どちらも活動には違いありません。ですから、活動のすべてをうまく表すことができる行動テストというものがあるわけではないのです。しかし、活動量の一部を何らかの指標で示すことはできます。ここでは代表的な活動量測定法を紹介します。

ケージ内で生活するマウスは、その狭い生活空間の中でも大変よく活動します。床を歩いたり走り回ったり、蓋《ふた》に飛びついてハンギングしたまま逆さで歩き回ったり、飛び跳ねたりしています。夜行性であるマウスは夜間になり照明が消えた時間帯に盛んに活動していますが、昼間には主に活動をやめて眠ったり休んだりして過ごしています。

そのようなケージ内での活動を定量検出するために、赤外線感受性のセンサーが用いられます。この赤外線センサーは、よくトイレなどで自動で照明がつく設備のスイッチとして利用されています。人や動物は熱を発生しているのですが、その熱を赤外線として検出し、それが移動するとセンサーが感知します。活動量の測定の際には、マウスが移動運動をするとケージの上部に設置された赤外線センサーはその移動を感知し、移動を続けるとその感知が繰り返し生じることになります。一方、動きをとめると赤外線を検出するものの移動は感知されません。この移動感知の回数を活動量として測定するのです。

移動活動量が多いと、センサーの移動感知回数は多くなります。また、活動量が高い時間帯と低い時間帯が明確にわかります。さらに、この方法は単位時間当たりの感知回数という単純なデータとして記録されるため、長時間にわたり連続して計測することも可能です。たとえば、概日リズム解析のような数週間にわたる解析も容易にできるという利点があります。

一方、活動量はセンサーの移動感知の回数で測定されるため、実際の移動距離との関連は不明です。また、センサーの感度が装置ごとに異なる恐れもあります。したがって、異なったセンサー間で活動量を比較する際には、あらかじめ注意深くセンサーの感度を補正しておくことが必要です。

もう一つの代表的な活動量の測定法は、回し車を用いた測定です。回し車は、ケージの中に設置するか、あるいはケージから回し車に自由にアクセスできるようにしておきます。そうすると、マウスは回し車に入って盛んに回転させるようになります。最初のころは効率よく回すことができないのですが、学習するにしたがって回転をさせながら走るコツを覚え、上手に回すようになります。1週間程度たつと、この回し車に十分に慣れて、長時間にわたって回し続けるようになります。筆者らの研究室のデータでも、良く回す個体は一晩で14km走った計算になるものもいます。ただし、この回し車は連日行うにつれてもっと回したいという欲求が生じるので(報酬効果)、本来の活動量以上に活動しているという報告もあります。したがって、このデータの解釈には注意も必要でしょう。

5　オープンフィールド：情動性を調べるための行動テスト

最も有名な行動テストともいわれるオープンフィールドテストは、1934年にホール（Calvin S. Hall）が情動性を調べるテストとして考案しました。情動とは、外部からの刺激に対して生じる一時的で本能的な感情の反応ですが、ホールは実験動物であるラットを用いて、実験下でみられる動物生体の興奮や不安などの反応を情動性と定義しました［8-3］。その後、このテストはマウスにおいても多用されるようになり、その装置や解析手法は多様化しています。オープンフィールドとは、マウスにとって明るくて新奇な環境であり、逃げ出すことができないような十分な高さの壁に囲まれた四角または円形の箱をいいます（図8・1、口絵Aページ 下段左）。ここにマウス1個体をそっと入れて、その後マウスの移動軌跡や詳細な行動、さらに脱糞や排尿の有無などを調べる

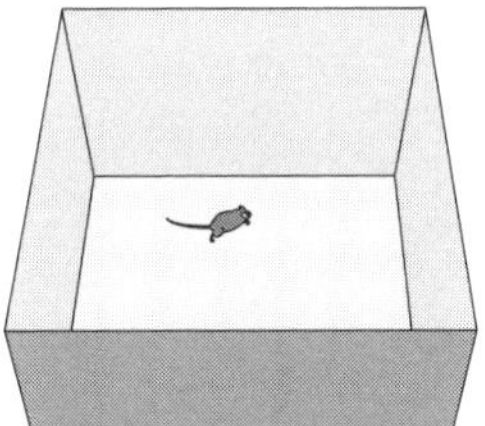

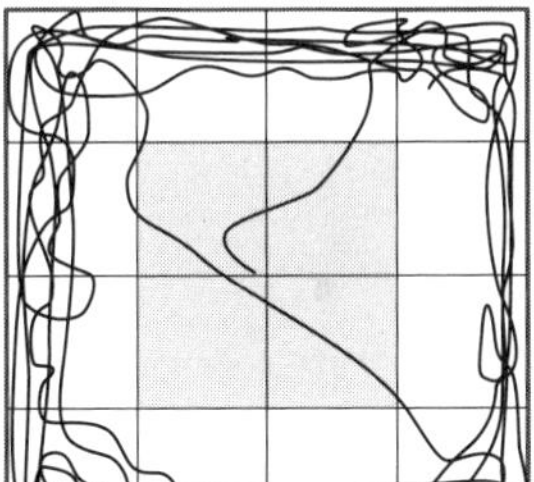

図8·1　オープンフィールドテストとマウスの移動軌跡
マウスは主に壁際を探索することが多く、中央区画の滞在時間が短くなる。

のです。このテストでは、こうした明るく開けて新奇な環境でマウスに生じる不安を測定できると考えられていますが、それ以外に、活動性や新奇探索性なども関与していると考えられています。行動の測定としては、観察者がマウスの行動を観察して、壁へのよじ登り、立ちあがり、立ちどまり、不動反応、においを嗅ぎ、毛づくろい、ジャンプ、脱糞や排尿などの行動項目の出現の有無を一定時間記録していきます[8-4]。

通常筆者らの研究室においては10分間記録して、これらの行動項目を比較します。また、筆者らが開発したDuoMouseというソフトウェアを用いてビデオ映像を解析することで、マウスの移動軌跡をトラッキングして、移動活動量や、4×4の16区画に等分割されたフィールドの中央4区画における滞在時間を調べることもできます[8-5]。

人がなじみのない大きな広場などに行くと、いきなり中央に行くことはまれで、周縁から広場の様子をうかがうことが一般的です。マウスも同様に、中央区画よりも壁側を好む傾向があるのです。このように、中央区画での滞在時間を解析することで不安のレベルを測定することも行われています。

6 高架式十字迷路

高い所にのぼると足がすくむということは多くの人に経験があると思います。マウスでも、このような高所に対する恐怖を利用した行動テストがあります。床から約60 cmの高さに十字型のプラットホームを設置します（口絵Aページ下段右）。四つのアームのうち、向かい合うふたつのアームには壁をとりつけ（クローズドアーム）、残り二つのアームは壁がなく（オープンアーム）下をのぞき込むことができます。マウスは下をのぞきこむと60 cmの高さで恐怖を感じるため、クローズドアームをより好む傾向があります。このように、クローズドアームとオープンアームの滞在時間を比較することで、マウスの不安・恐怖の傾向を調べることができます。

7 モーリス水迷路テスト

初めての場所で地図もなく目的地を探すのは至難の業ですが、繰り返し通うにしたがって目的地に到着するのは容易になるものです。このような記憶は空間記憶と呼ばれますが、マウスでもこの空間記憶を調べることができます（6章2節参照）。

空間記憶学習の能力を調べる方法は、モーリス（Richard G. Morris）によりラットを用いて考案され、その後マウスでも広く利用されるようになりました。このテストでは、円形のプールに水中が見えないように着色した水を張り、そこに放されたマウスが泳いで水面下に沈んだ足場を探すまでの時間と軌跡を調べます。マウスは水を嫌がることから、たまたま足がついて水面から身体を出せる足場が見つかればそこで休みます。次に同じプールに入れられると、周囲の目印をもとにして、前回の記憶から足場の位置を自発的に探すようになります。テストの繰り返しにより、水面下の足場の位置を探すまでの時間や軌跡が短くなるか検討します。最後に足場を取り除いた水槽にマウスを放し、本来足場があった場所付近での遊泳時間をほかの場所での遊泳時間と比較します。これらのデータを検討することで空間学習能力を調べることができます。

8 音に対する驚愕反応とプレパルスインヒビションテスト

レストランでウェイターが食器を落としたことにより、びっくりして座っていた椅子から飛び上がったような経験があると思います。そのように、予期しない場面で大きな音を聞くと体の筋肉が一瞬反応するものです。マウスにおいても、急激な音刺激や触覚刺激などに対する無条件反射反応がみられ、これを驚愕反応といいます。音刺激に対する驚愕反応は、通称ＡＳＲとして知られています（図８・２上）。

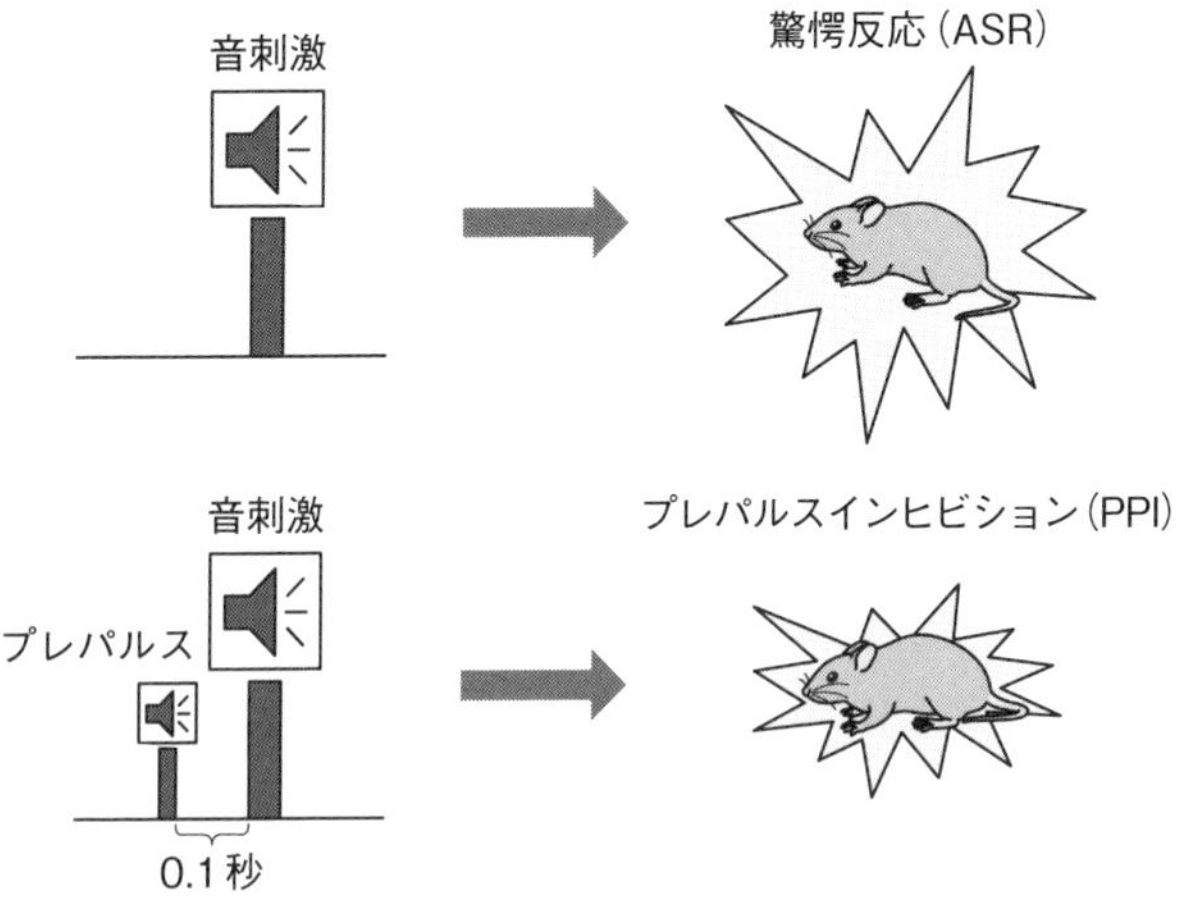

図8·2　驚愕反応とプレパルスインヒビション

マウスの音刺激に対する反応性を測定するには、刺激となる音を出すためのスピーカーが設置された防音箱の中に取り付けられた専用のシリンダー内にマウスを拘束し、そこで音刺激を与えた際の反応を振動としてとらえます。音刺激の大きさは大抵70～120 dBが用いられ、刺激を与える時間は30～50ミリ秒に、各トライアル間隔（ITI）は15～30秒に設定されます。セッション内で異なる大きさの刺激がランダムに提示されるようにすることで、前後の刺激の大きさに依存しない各刺激強度に対するデータをまとめて得ることができます。数回の各刺激強度に対する驚愕の度合いの平均値をASRとして算出します。

プレパルスインヒビション（以下PPI）は、提示される音刺激の直前に、先行する弱い音の前刺激をはさむことによって、音刺激や触覚刺激に対する驚愕反応が減弱するという現象です（図8・2下）。PPIは感覚運動情報処理機能を表す神経生理学的な指標とされ、統合失調症を含む多くの精神疾患でPPIが低下することから、これらの疾患の理解において重要な現象であると考えられています。PPIは齧歯類でもみられ、驚愕反応の測定装置と同じものを用いて調べることができます。プレパルスなしの刺激に加え、数種類のプレパルスを直前にはさんだ各刺激をセッション内でランダムに提示するようにスケジュールを組み、数回のセッションを行うことで、各プレパルスによる驚愕反応の減弱の有無をデータから算出します。音刺激の大きさは大抵120dB、音刺激が提示される長さは30〜50ミリ秒、直前のプレパルスは70〜95dBが用いられます。各プレパルス強度による驚愕反応の減弱度合い（%PPI）は、次の式で算出することができます。

｛1－（各プレパルス後の驚愕反応の平均値／ASR）｝×100

このようなテストを通じて、マウスのPPI低下がみられれば、統合失調症などの精神疾患モデルになるのではないかと期待されることから、研究によく用いられています。

9 居住者—侵入者テスト

マウスのオスは縄張りを持つため、ケージのような狭い場所を縄張りとしているオスがその中で別のオスと出会うと激しい攻撃行動を示します。居住者―侵入者テストでは、居住者であるマウスが他個体の侵入に対して縄張りを守ろうとする際に示す攻撃行動を評価します。実験では、性成熟したオス個体をケージに入れて、単独もしくはメスとつがいで十分な期間飼育して居住者に縄張りを形成させます。その間、ケージ交換は行わないようにします。その後、居住者よりも体の小さな性成熟に達した別のオス個体（侵入者）を、居住者のいるケージに入れます。そこで一定時間2個体の様子を動画で撮影します。居住者であるマウスは、縄張りであるケージに侵入してきた別のオス個体に対して攻撃行動を高い頻度で示します。撮影した動画から、最初の攻撃までに要した時間や攻撃行動を示していた全体の時間などを計測し、マウスの攻撃性を評価します。このようにして、オスの縄張りに依存した攻撃行動の強弱の評価をすることができます。

10　マウスにおける行動テストの問題点

ここまで述べてきたように、マウスを用いてさまざまな手法で行動を調べることが可能になっています。しかし、困ったことに、そうした行動テストはそれぞれの研究者が少しずつ異なった手法で行っています。オープンフィールドテストにおいては、フィールドをつくる箱の形やサイズ、色、材質、照明の明るさなどが決まっておらず、実験データの解釈の際にも問題となります

[8-6]。また、一日のうちのいつ実験を行うのか、特に明期に実験するのか暗期に実験をするのか、ということも結果に大きく影響します。さらに、実験に用いるマウスがどのように飼育されてきたのかにより、行動は大きく影響を受けるでしょう。そのため、行動テストの再現性を確認できるようにするためにも、論文では実験条件をできるだけ詳細に記述する必要があります。

行動テストはここで紹介した以外にも多数開発されており、さまざまな研究で行われています。行動テストを行うことで、漠然と見ていた行動を客観的な数値データとしてとらえることができます。行動を数値で表すと、その値が高いものから低いものまで、程度に応じて評価することができるようになるのです。このような表現型を量的形質とよびます。次の章では、このような量的形質に関わる遺伝子を探す研究について紹介します。

9章　行動における量的形質の遺伝学

5章と6章では、一つの遺伝子の変化がどのように行動に異常をもたらすかという点に着目しました。行動異常を示す突然変異体から遺伝子を探すアプローチも、逆に遺伝子に変異を導入してそれにより生じる行動の異常を調べる逆遺伝学の手法も、いずれも一つの遺伝子の機能に着目した研究手法だと言えます。

しかし、多くの行動は一つの遺伝子に強く影響されるというよりも、多数の遺伝子の影響で大きな多様性を生み出しています。このような多数の遺伝子が関わる形質について、それを調べる遺伝学の研究とともに見ていきましょう。

1 量的形質の遺伝学

身長や体重、肥満傾向、睡眠、生理的指標や疾患のリスクなど、私たちの周りでみられる身近な形質の多くは量的形質とよばれます。活動量、攻撃性、不安の程度など、前章で紹介した行動テストで調べることができる多くの行動も、やはり多因子により影響を受ける量的形質です。量的形質の遺伝学は理論としては古くからありますが、実際に遺伝子同定を意識して注目されるようになったのは、1990年以降に遺伝的マーカーが整備され始めて以降になります。

それまでは、詳細な遺伝解析をしようとしても、ゲノム上には十分な数の遺伝的マーカーがそろっていないために断念せざるを得ない状況でした。そのようなとき、遺伝の本体であるゲノム情報が明らかになれば生命現象の多くがわかるのではないかという期待とともに、1990年にヒトゲノムの解読計画（ヒトゲノムプロジェクト）が開始されました。ひとたびプロジェクトが開始されると、大きな技術進歩があり、ヒトのゲノム情報が明らかになりはじめました。それと時を同じくして、遺伝学で広く使われる実験材料であり、ヒトのモデルとして重要な実験動物であるマウスについても、ゲノム解析が進められました。これにより、マウスにおいてもゲノム情報が明らかになっていったのです。そして、マウスゲノム上の膨大な数の遺伝的マーカーが次々と整備されていきました。そのようなツールの整備と共に量的形質の遺伝学が進み始めたのです。

2　行動に関わる遺伝の効果

行動遺伝学の初期には、行動には遺伝要因が重要なのか、それとも環境要因が必要なのかということが盛んに議論されました。この問いは、ヒトにおける性格や行動に遺伝と環境のいずれが重要かという問いに対して取り組んだ双子を使った研究も絡んで大きな議論を呼んだのです。では、マウスの研究において遺伝の効果はどのようにして調べられたのでしょうか？

先にも述べたように、近交系統（3章1節を参照）を用いた研究は、行動に対する遺伝的要因の関与を示す上で重要な役割を果たしました。近交化の進んだ系統では、同一系統内の個体はすべて遺伝的クローンとして同じ遺伝的要因をもつことになります。一方で、近交系統間では遺伝的に異なることになります。したがって、系統間でみられる行動の違いは遺伝的要因と環境要因の両方に関係して生じており、系統内でみられる行動の違いは環境要因で生じていることになります。この環境要因は、実験下では注意深く飼育することで可能な限り減らすことができます。

マウスをその個体が今まで経験したことのない広くて明るいオープンフィールドに入れると、フィールドの様子を調べるために探索行動を示します。しかし、不安傾向が高いと当然探索行動は抑制されます。デフリーズらは近交系統マウスを用いてこのようなテストを行い、行動を解析しました[9-1]。B6とBALB/cでオープンフィールドの活動量を比較すると、B6は高い探索行動を示すのに対し、BALB/cは低い活動を示しました。この違いは、B6の低い不安傾向に対し、BALB/cマウスが高い不安傾向を示すために生じたのです。デフリーズらは、さらにB6とBALB/cを交配し、雑種第一世代（F_1）、さらにはF_1同士を交配したF_2、さらにF_2同士を交配したF_3をつくりました。これらF_1、F_2、F_3では、遺伝情報は平均して50％がB6に由来し、残りはBALB/cに由来することになります。これらのオープンフィールドでの活動量を調べると、ほぼ2系統の中間の値を示したのです。それでは、雑種第一世代をそれぞれの親系統と交配した（戻し交配という）場合はどうでしょうか？　遺伝的な寄与率は戻し交配を受けた系統では75％

になり、他系統では25%になります。そうすると、ちょうど親系統とF_1との中間の値を示したのです。これらの結果は、オープンフィールドにおける探索行動には遺伝的要因が明確に関わっており、しかも多数の因子により構成されていることを示しています。なぜなら、ゲノムの寄与率に従い表現型が変化することは、個々の遺伝子が大きな効果を持つのではなく、多くの小さな効果を持つ遺伝要因が関わるからこそと考えられるからなのです。

このような系統間での比較とその雑種第一世代を用いた解析は、さらに系統数を増やしたダイアレル分析という方法で解析されました。これらのいずれの解析でも、近交系統比較から得られる結果は、行動に多数の遺伝的要因が関わっていることを示しているのです。

3　行動に関わる環境の効果

遺伝的要因が行動に重要な役割を果たしていることが報告される一方で、環境要因が行動に影響することも報告されています。それは、近交系統を用いていても、なお個体間での行動のばらつきがあることから示されます。クラッベ（John C. Crabbe）らは、6種類の近交系統（A/J、C57BL/6J（以下B6J）、BALB/cByJ、DBA/2J、129/SvEvTac、129/Sv-ter）と129/SvEvTac系統に導入されて維持されているセロトニン1B受容体のノックアウトホモ系統

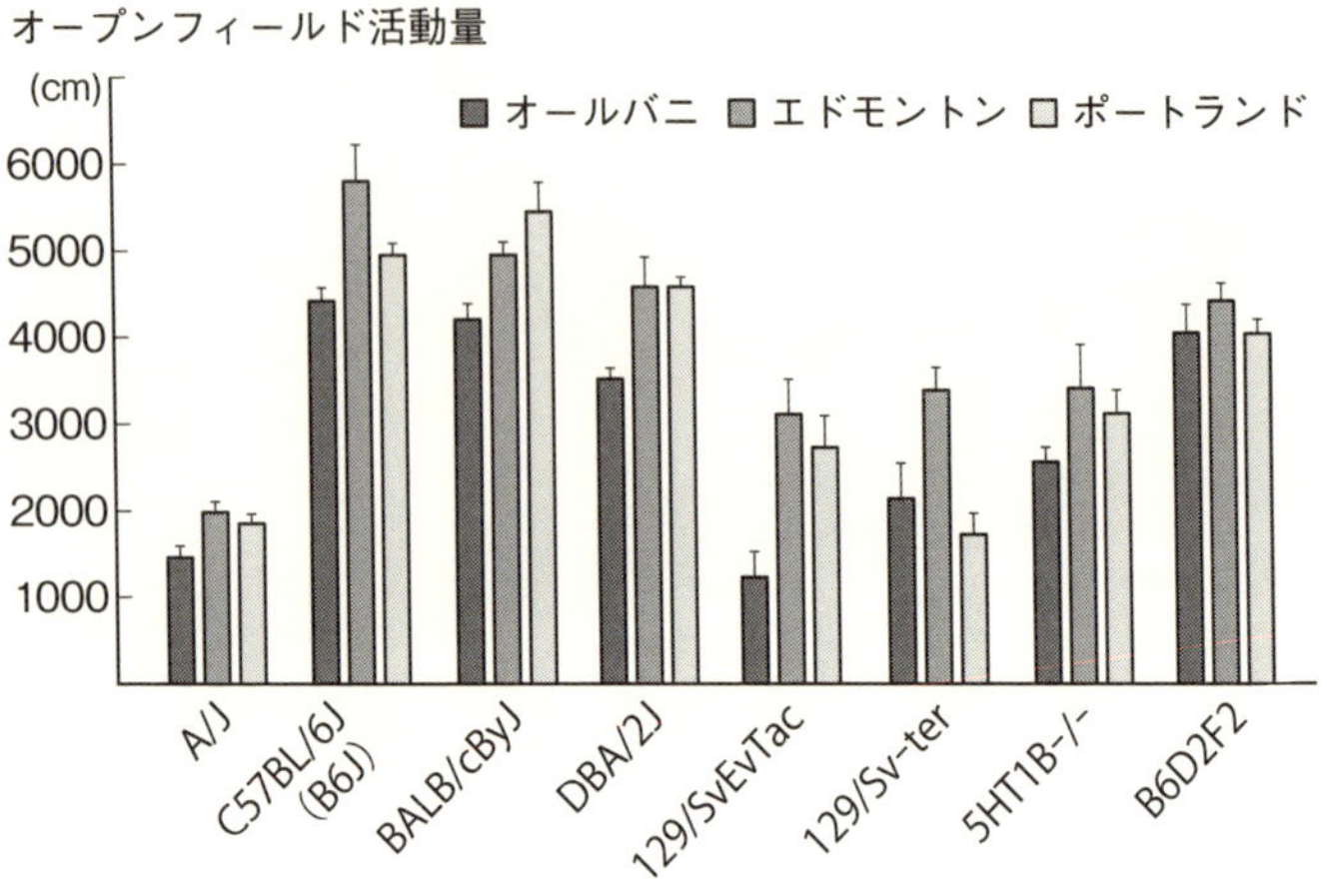

図９·１　行動の系統差（遺伝的要因）と研究室の違いが行動に及ぼす影響（環境要因）（文献 9-2 より改変）

(5HT1B-/-)、さらにB６JとDBA/2JとのF_2個体（B6D2F2）を用いて、アメリカのポートランドとオールバニ、それにカナダのエドモントンの３か所でそれぞれ６種類の行動について調べました。実験にあたり、行動解析装置、実験方法、その他多くの環境要因について同一になるように細心の注意を払いました。しかし、それでもなお、行動データは３か所の研究環境で顕著に異なっていたのです（図９・１）。このことから、十分注意深く実験をしていたとしても環境要因を完全になくすことは難しいことがわかったのです[9-2]。

バルダー（William Valdar）らは、２４４８個体の遺伝的な多様性をもつマウス集団を用いて88項目にも及ぶ形質を解析しました。その結果、エサや季節、実験者、実験に用いるマウスの週齢などもデータに影響を及ぼすことがわかりました[9-3]。この研究も環境の要因をそろえることの難しさを物語っています。

モギル（Jeffrey Mogil）らのグループは、マウスの肢に化学物質を注射して炎症を起こさせて、マウスが痛みの知覚をどの程度示すか調べました。この実験を男性が行う場合と女性が行う場合で比較すると、男性が行った場合は痛みの反応が低くなることがわかりました。これはストレスにより痛み感受性が低くなる現象、「ストレス誘導性無痛覚」に似ていました。さらに、男性が一晩身に着けたTシャツの匂いでも、マウスは強いストレス反応を示し、ストレス誘導性無痛覚（痛みの減少）を引き起こしました。一方で、女性が身に着けたTシャツではそのような反応は起こしませんでした。このことから、実験者が男性か女性かによって、その匂いが要因となり痛覚関連の実験結果も異なってくることがわかってきました[9-4]。このように、思いもかけない環境の要因によって行動が影響を受けることがあると考えられるのです。

それ以外の要因によってもマウスの行動は影響を受けます。筆者らのグループは、同一ケージに複数のオスが同居しているとき、個体間でどのような関係性が生じるのか調べました[9-5]。ケージの中に体重と週齢がほぼ同じB6のオスマウスを4頭入れて飼育し、各個体に印をつけて個体識別した上でケージ内の様子をビデオ撮影しました。解析の結果、夜間の始まりの時間帯やケージの掃除をして床敷を新しいものに交換した直後などは、攻撃行動が頻繁にみられることがわかりました。

どの個体がどの個体に対して攻撃行動を示しているか調べていくと、個体間で攻撃する側と攻撃される側がほぼ決まっており、その組み合わせにより、4個体の中で社会的順位ができていることがわかったのです。ひとたび順位がつくられると安定してその順位は維持されます。順位の優位個体と劣位の個体では徐々に体重差がつき、優位個体の方が体重の増加が多いことがわかりました。行動を比較すると、劣位個体は優位個体に比べて高い不安様行動や高いうつ様行動を示すことが明らかになりました。同時に、劣位個体は優位個体と比べると、脳の海馬におけるセロトニン受容体などの遺伝子発現が大きく異なっていました。

このように、複数個体で同居した場合には、社会的相互作用により脳内の遺伝子発現に違いが生じ、行動にも影響を及ぼすことで個体差が生じると考えられるのです。

4 交雑集団を用いた量的形質の遺伝学

マウスは尾の先端を固定して逆さにつりさげられると、何とか逃れようと体を動かします。しかし、動き続けた後には、やがて動きを止めて無動状態になります。また、マウスの足や尾が底に着かないほどの深さに水を張り、かつ上がることのできない高さの壁に囲まれた水槽に入れられると、何とか逃げる場所を探そうと泳ぎ続けます。しかし、マウスはやがて動きを止めて無動のまま浮いた状態になります。これは、「その状況から逃れようとする努力が実を結ばないという状況に従ってしまっている状態である」と一般的にはとらえられています。

このような無動状態にある時間は連続的であることから量的形質に分類されます。これらの行動テストは、前者を尾懸垂テスト、後者を強制水泳テストといって、うつ様行動に関して調べる際によく用いられています。なぜうつ様行動につながるかというと、マウスにあらかじめ抗うつ薬を投与しておくと、これらのテストで無動状態の時間が短くなることが知られているからです。このことから、無動状態の長いマウスはうつ様行動を示している可能性があるといわれているのです。

名古屋大学（現在は関西学院大学）の海老原史樹文らのグループは、CSという近交系統が、強制水泳テストにおいて、なかなか無動状態にならないというめずらしい行動を示していることに気づきました。つまり、先で述べたうつ様行動とは逆の行動を示して動き続けるのです。CS系統とB6系統を交配して得られた約200個体のF_2世代の交雑集団を用いて、強制水泳テストと尾懸垂テストにおける無動時間に関して遺伝解析を行った結果、これらの形質に関連する遺伝子座は複数あることがわかりました。そのうち、強制水泳と尾懸垂テストの両方に関わる主要な遺伝子座が5番染色体上に存在することが明らかになりました。

彼らはその後、この領域のみがCS系統に由来し、その他の領域はB6系統に置き換わったコンジェニック系統をいくつか作製して、再度強制水泳と尾懸垂テストで解析することで、遺伝子の絞り込みに成功したのです。これにより、ユビキチン特異的ペプチダーゼ（*Usp46*）遺伝子産物のリシンアミノ酸残基の欠失をもたらす突然変異を見いだしました。彼らは、正常な*Usp46*遺伝子を含む大腸菌人工染色体（ＢＡＣ）クローンＤＮＡ（４章コラム４を参照）を、無動時間が短いマウスの受精卵に導入して作製したＢＡＣトランスジェニックマウスを調べると、無動時間が長くなることを示しました。このように、正常な*Usp46*をもつＢＡＣクローンで正常な表現型に回復できることから、*Usp46*の欠損が無動状態時間減少の原因であることを示しました。さらに、USP46酵素の変異によりGABAを介した抑制経路に異常が生じることで無動状態になりにくくなることも示したのです[9-6]。

このように、遺伝解析からポジショナルクローニングを行い、見いだした遺伝子の機能解析を行うことで、行動の違いに関わる分子メカニズムまで明らかにできることが示されたのです。

5　アウトブレッド集団を用いた量的形質の遺伝学

前述のような2系統の交配により得られた交雑集団を用いてマッピングする手法では、あらかじめ見られる表現型の系統差に関わる遺伝子座を全ゲノムに対して調べます。この手法は量的遺伝子座（QTL）解析として知られており、これまでに多くのQTLが報告されてきました。しかし、QTLを見つけた後の遺伝子同定は大変な労力が必要となり、実際前述のような成功例を除くとなかなか進んでいないのが実情です。その理由として、2系統の交雑集団で得られる組換え部位の数にはある程度限度があるということがあります。たとえ解析する個体数を増やしたとしても、遺伝子座解析の精度が上がらず、それ以上QTL領域が絞り込めなくなるので、多数の候補遺伝子の中から責任遺伝子を同定することができないのです。

オックスフォード大学のモット（Richard Mott）らのグループは、市販のアウトブレッド集団のマウスを用いることでQTL領域を狭い範囲に絞り込むことに成功しました（図9・2）。アウトブレッドは集団中の遺伝的な多様性ができるだけ多く維持されるようにしている集団であり、長い年月をかけて集団内に生じた遺伝的組換えを多数蓄積しています。近交系統と異なり、集団中の個体ごとに遺伝的に異なるのが特徴であり、両親に由来する異なった遺伝子アレルをペアで保有するために、一般的にマウス個体は丈夫で繁殖力も高い傾向があります。

ここでいうアレルとは、それぞれの遺伝子においてDNA配列の多型により区別できるものをいいます。そのような遺伝子多型の多くは何も機能に影響を与えませんが、中には何らかの機能の違いをもたらす多型もあります。アウトブレッド集団を遺伝子座のマッピングに用いることで、

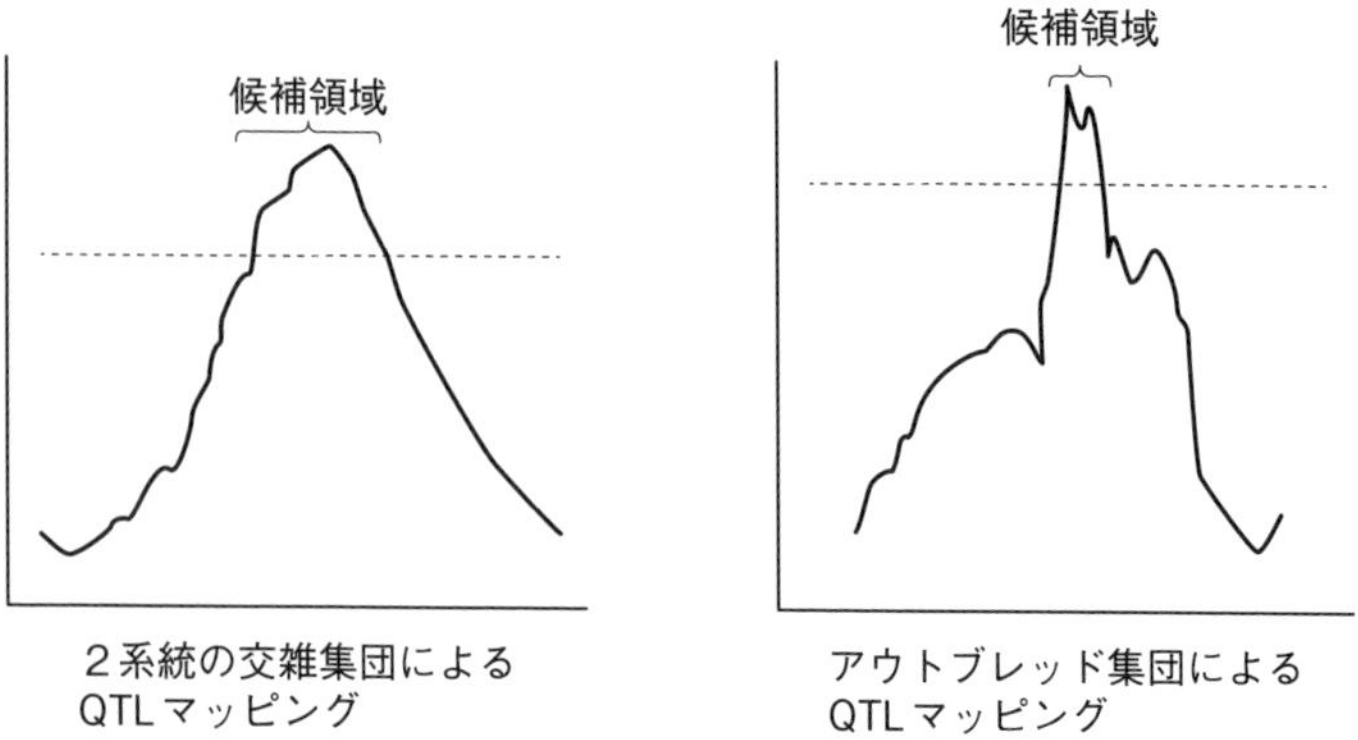

図9·2　アウトブレッド集団を用いることによるQTLの絞り込み
通常の交雑集団を用いるよりも精度の高い遺伝子マッピングが可能になる。

個体ごとに異なる遺伝子アレルの組み合わせが生じて、精度の高い解析をすることが可能になるのです(図9・2)。

それまでの研究で、マウスの1番染色体上には不安様行動に関わる遺伝子が存在することがわかっていました。しかし、さらに遺伝子を同定するまでの領域の絞り込みはできていなかったのです。そこでモットらは市販のアウトブレッド集団の一つ(MF1)を用いることで、詳細なQTL解析をすることに成功したのです[9-7]。このときに用いたマウスの数は729頭ということなので、QTL解析としては驚くほど多い数とは言えません。それでも1・3メガ塩基のゲノム領域まで絞り込むことに成功したということは、何世代も経ることによって蓄積してきた組換えが、高い精度での遺伝子マッピングをする上で大きな効果を果たしたと言えるでしょう。

6　コンソミック系統を用いた遺伝子探索

このように、系統間で顕著な量的形質の違いが報告され、その原因となる遺伝子を探す研究も進められてきました。しかし、量的形質は多数の遺伝子が関与するため、その遺伝解析は容易ではありません。そこで登場したのが、コンソミック系統を用いた遺伝子マッピングです。コンソミック系統とは、ある近交系統（受容系統）の染色体のうち、特定の一つの染色体を別の系統（供与系統）由来のものに置き換えたものです（図9・3）。

マウスの場合には19対の常染色体とX・Yの性染色体が存在するので、二つの系統の組み合わせで片方を受容系統とすると、理論的には21種類のコンソミック系統ができることになります。コンソミック系統の表現型を解析して、親系統（受容系統）の表現型との間に有意な違いが見いだされた場合には、その違いに関わる原因遺伝子はコンソミック系統において置換された染色体上に存在していることがわかります。このように、表現型を調べるだけで、その形質に関わる遺伝子を染色体レベルでマッピングできるという点で優れたリソースなのです。

筆者らの研究室では、さまざまな行動に関わる染色体を明らかにするために、一連のコンソミック系統［9-8］を用いて、自発活動量、不安様行動、痛覚感受性、そして社会行動などについて解析を行ってきました。いずれの行動においても、それに関わる染色体を複数同定することに

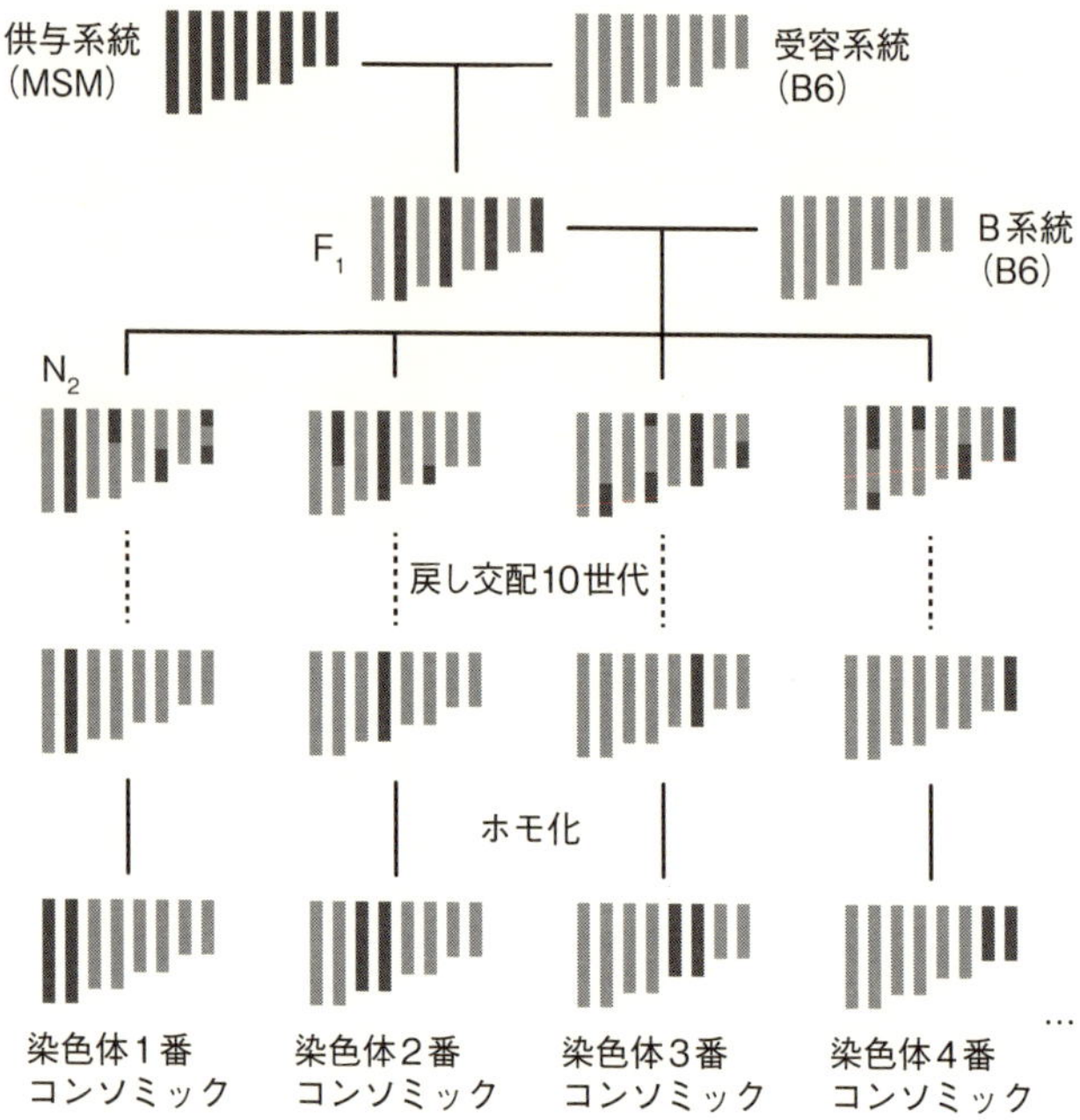

図9·3　コンソミック系統の樹立方法

供与系統を受容系統に戻し交配しつつその過程で供与系統由来の特定の染色体を組換えがない状態で維持し、10世代後にその染色体をホモ化することでそれぞれのコンソミック系統を樹立する。MSM系統を供与系統、B6系統を受容系統とするコンソミック系統は、遺伝研の城石俊彦らのグループにより作出された。N_2は戻し交配2世代目の意味。

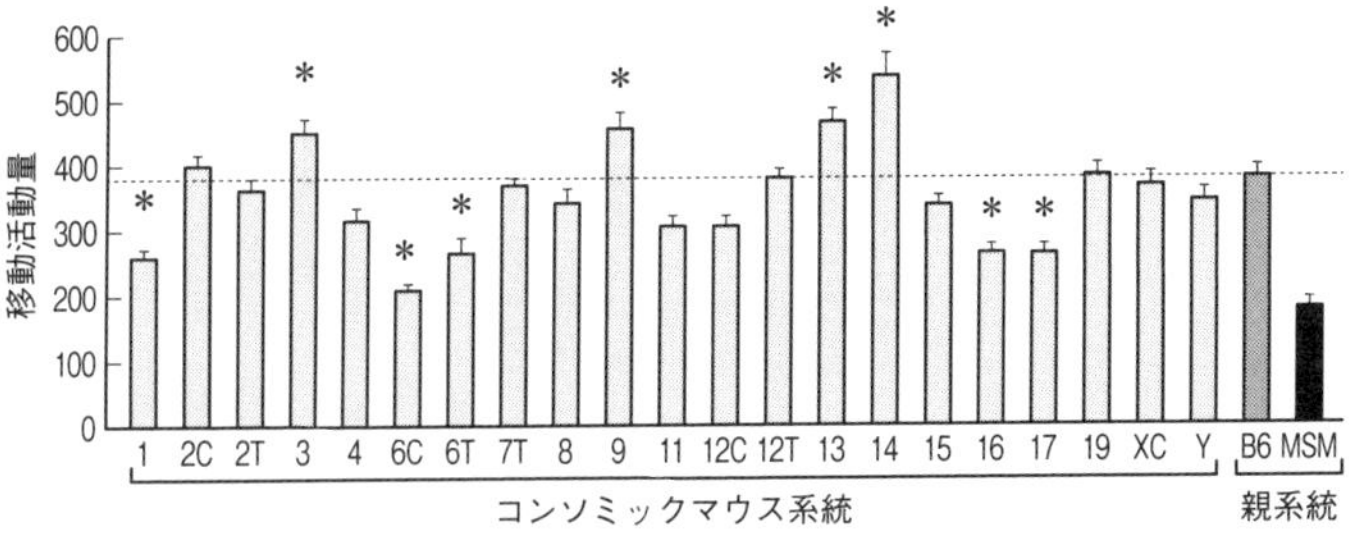

図9·4　コンソミック系統を用いたオープンフィールド移動活動量の解析例
濃い灰色は受容系統であるB6系統、黒は供与系統のMSM系統、薄い灰色はコンソミック系統を表す。コンソミック系統作製の過程で、染色体1本が丸ごと置換できない場合は、染色体を近位部位（上半分：C）と遠位部位（下半分：T）に分けている。

成功しています。たとえば、オープンフィールドテストにおける移動活動量の結果を図9・4に示しています[9-9]。この結果から、染色体の1番、6番、16番、17番には移動活動量を下げる遺伝子が、逆に3番、9番、13番、14番染色体には移動活動量を上げる遺伝子が存在することが明らかとなりました。

興味深いことに、親系統であるMSMはB6と比べてかなり低い移動活動量を示すのですが、そのMSMの染色体を1本入れ替えることで、逆にB6よりも高い移動活動量を示すようなコンソミック系統が複数存在したのです。このことは、ある行動に対して複数の染色体が複雑な効果を持って関与していることを示しています。

ひとたび、コンソミック系統を用いて、行動に関連した遺伝子を染色体にマッピングできれば、その後はサブコンソミック系統を使って遺伝子の絞り込みを行

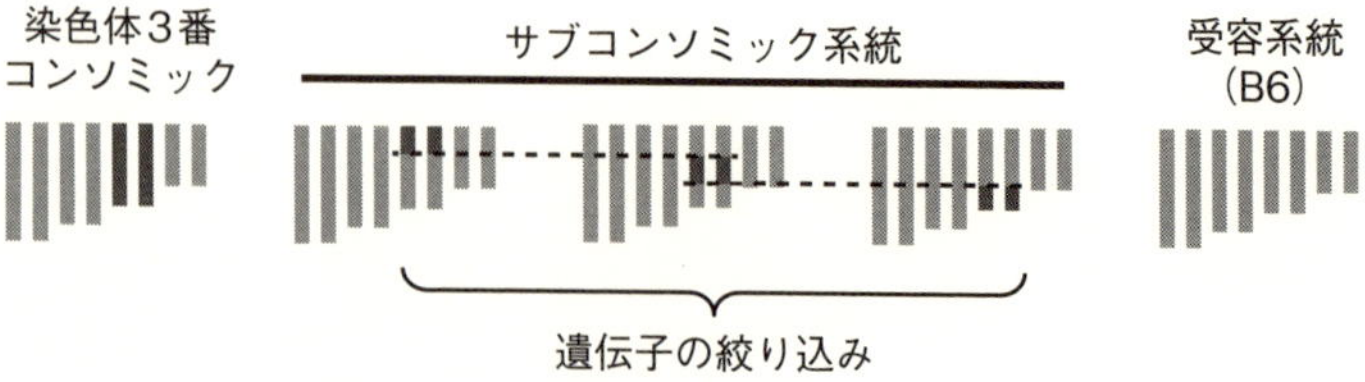

図9·5　サブコンソミック系統を用いたマッピング
仮に染色体3番のコンソミック系統がB6系統とは異なる行動を示すことがわかれば、3番染色体のMSM系統由来の領域が狭いサブコンソミック系統を複数樹立して、行動を解析する。このとき、複数のサブコンソミック系統により、3番染色体全体がMSM系統由来の領域でカバーされるようにする。こうすることで、3番染色体のどこに対象となる行動に関わる遺伝子が存在するのか明らかになる。

うことができます（図9・5）。MSM由来の染色体領域が短い系統を作製し、行動を調べることで、遺伝子同定に向けたマッピングを行うのです。この方法では、手間はかかるものの、確実に表現型を確認しながら遺伝子同定を目指した解析を行うことができます。

このように、身近にみられる不安様行動やうつ様行動などのような、これまで解析が難しかった量的形質に関しても、さまざまなリソースを用いて詳細な遺伝学的解析を行うことが可能になってきたのです。

10章　育種学と遺伝学の接点

ここまで、実験動物であるマウスを用いて行動に関わる遺伝子を探す研究を紹介してきました。一方、家畜動物においては、経験的に目的に応じた行動を示す家畜が開発されてきた歴史があります。特に、取り扱いの難しい野生動物を家畜化する方法は、行動遺伝学にも貴重なヒントをもたらしてくれます。この章では、育種学と遺伝学との接点について見ていきましょう。

1 動物家畜化の歴史と選択交配研究

イヌとヒトとの関わりの歴史は古く、おおよそ一万年以上前に人間と生活を共にするようになったと考えられています。諸説ありますが、おそらくオオカミに近いイヌの祖先が人間の生活しているところに入り込み、番犬としての役割を果たしたり、狩りを手伝ったり、家畜の移動を手伝ったりすることで、人間の生活に受け入れられ、同時に安全な環境と安定した餌を得ることができるようになっていったのだと考えられます。

エジプト文明の栄えた時代にはすでに特徴的な形態のイヌが描かれていることから、今でいう犬種のようなものがすでにその時代にはつくられていたのだと考えられます。その後、現在までに人間と生活を共にしつつ飼育されてきたイヌは、目的や好みに応じてさまざまな遺伝的改良が行われ、多様な犬種がつくられたのだと考えられます。現在、国際畜犬連盟という団体が公認している数だけでも340犬種ほどあり、公認されていないものを加えると世界中でその倍を超えるとも言われています。このように、人間はイヌと生活を共にしつつ、経験により遺伝的な改良を行うことで、多様な犬種を長い歴史の中でつくり出してきたのです。

このような品種改良は、遺伝子と行動との関係を考える上でどんな意味を持つのでしょうか？ダーウィンは、彼の有名な著書である『種の起原』の中で、家畜のさまざまな品種について触れています。たとえば、家鳩には驚くほど多様な品種が開発されており、外見だけでなく、伝書鳩、宙返り鳩、さらには鳴き声に特徴のあるラッパ鳩や笑鳩など、行動においても特徴的な品種が数多く存在していることを述べています。これらはすべて同一の種ではありますが、人間による育種で多様な品種がつくり出されたという意味で、人為的な「種の進化」と言えます。ダーウィンは、さまざまな生物種でみられる表現型の多様化の例に加え、このような育種でみられる表現型の変化の例から生物進化のアイデアを得たのです。

家畜化を短期間で実験的に行った例としては、ロシアのシベリア南部のノボシビルスク郊外の農場で行われたギンギツネの愛玩化が知られています。ロシアの遺伝学者であるベリャーエフ(Dmitri Belyaev)らは、毛皮用に飼育されていたキツネのオス30頭とメス100頭から、ヒトに噛みつかずあまり恐れない従順性を指標にして、愛玩化を目指し毎世代選択して交配を繰り返しました。その結果、約10世代後に約18パーセントの頻度で従順性の高いキツネが出現するようになり、その頻度は世代を経るごとに高くなり、20世代目では35パーセントの個体が高い従順性行動を示すようになったのです。

ベリャーエフらは、このような人間への従順性と同時に、家畜で一般的にみられる毛色の変化や耳や尾の形態の変化などがキツネでも生じていることを確認しています。このことから、家畜化に共通した一般的な現象として、行動の変化に毛色や形態の変化が付随して現れることを示しました[10-1]。ただ、なぜそのような形態変化が従順化に付随して現れるのか、その原因についてはいまだに解明されていません。また、この現象が他の動物種でも一般的にみられるものなのかということも、まだ定かではありません。

この研究は家畜の育種改良で行われてきた手法を、飼育しやすいキツネに応用したものです。残したい、あるいは変化させたい方向の表現型を持つ個体を次世代の交配に用いて、その表現型を世代ごとに強くする方法で、「選択交配」と呼ばれます。残念ながらこのキツネの選択交配では、もともとの集団の遺伝的組成が不明なこともあり、従順化に関わる遺伝子を調べるような研究には至っていません。従順化されたキツネの場合は家畜ですが、この手法を実験動物に用いた例も報告されています。

2　従順化したラット集団の樹立と遺伝解析

先に紹介したキツネの家畜化に取り組んだベリャーエフらは、ラットでも選択交配を行いました。彼らは、野生のドブネズミの集団を用いて、グローブをはめた手をラットに近づけることで、それに対するラットの従順性と攻撃行動を評価しました。このテストにより、グローブに対する攻撃性が減少して従順性が高くなった集団と、逆に攻撃性が増加して従順性が低下した集団を、60世代以上にわたる選択交配で作出したのです。彼らは、攻撃性が高い個体と、逆に攻撃性が低い個体を選択するようにしました。この選択交配の初期には、ヒトの手に対する攻撃性は大きく変化し、選択交配の後半になると変化はわずかずつしか見られなくなりました。

アルバート（Frank W. Albert）らは、このラットの集団を譲り受け、ドイツのライプツィヒで遺伝学的解析を行いました。彼らは攻撃性の高い系統と低い系統を交配して７００個体以上のF_2集団を作製した上で、45の形質に関して調べました。その結果、従順性に関連する指標である副腎重量と、不安様行動に関連するＱＴＬが、１番染色体上の同じ場所に確認されたのです[10-2]。このように、アルバートらは、選択交配により攻撃性が減少した集団と増加した集団との交配集団を用いて遺伝的解析を行ったのです。この研究結果は、選択交配により作出した集団の有用性を示すこととなりました。

3 選択交配の歴史

マウス行動遺伝学の初期において、選択交配は行動に遺伝的要因が関わっていることを示すための一つの重要なアプローチでした。たとえばマウスにおける有名な選択交配としては、不安様行動を定量化するために用いられるオープンフィールドテストの結果をもとにした研究がよく知られています。

米国の行動遺伝学者であるデフリーズ（John C. DeFries）は、オープンフィールドにおける活動量の高い（不安傾向が低い）マウスと低活動（不安傾向が高い）マウスについて選択交配を行いました[9-1]。まず、選択交配に用いたマウス集団の親系統である二つの近交系統マウスのオープンフィールドでの活動量を比較すると、B６J系統はBALB/c Jに対し約10倍高い活動量を示すことがわかりました。高活動の選択系統では、各世代の集団の中で高活動のマウス同士の交配を続け、低活動の選択系統では、逆に毎世代低活動のマウス同士の交配を続けたのです。この交配を実に30世代にわたって続けた結果、世代を経るに従って、徐々に、しかも継続して活動性は変化し続け、30世代後には生まれてくるマウスの活動性の集団内分布は、高活動系統と低活動系統では明瞭に区別できるほどの変化をもたらしました（図10・1）。この結果は、不安様行動などの形質が多数の遺伝的要因により制御されていることを明確に示すものでした。

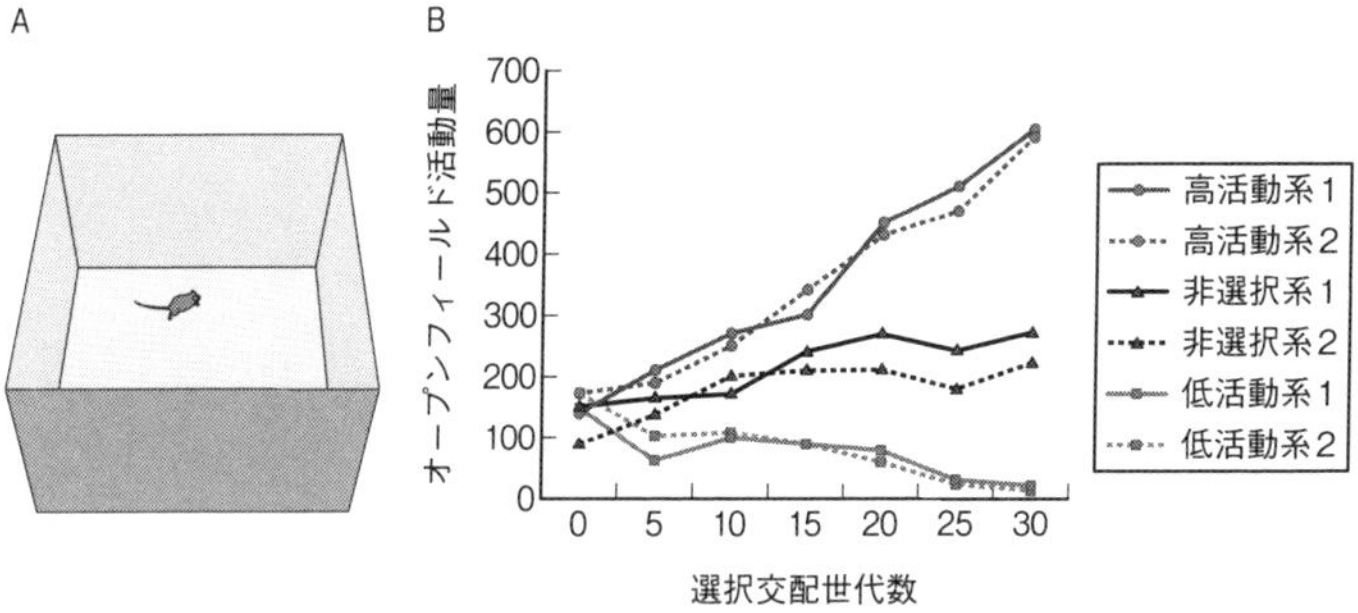

図 10·1　オープンフィールドにおける高活動と低活動の選択交配とその効果
（文献 9-1 より改変）

この選択交配により生じた高い不安様行動に関わる遺伝子座の解析は、後にフリント（Jonathan Flint）らにより行われました。彼らは、１６７１頭に及ぶマウスを用いて１００項目に及ぶ不安関連形質のデータを取得し、統計遺伝学的な方法でＱＴＬ解析を行いました[10-3]。それにより、染色体の１、４、７、８、14、15、18およびＸ染色体上に不安様行動関連遺伝子座が存在していることを示したのです。先に紹介した、コンソミック系統を用いてオープンフィールドにおける活動量に関する遺伝子座のマッピングを行った結果と同様に、多数の染色体が関与していることがわかりました。

4 ヒトになつく行動の遺伝学

米国の家畜遺伝学者であるプライス（Edward O. Price）は、動物の従順性には「ヒトに触れられてもそれを避けなくなる性質」（受動的従順性）と「ヒトに自ら近づいていく性質」（能動的従順性）があると述べています。筆者らは、これら2種類の従順性を区別して定量化する行動テストを考案しました。そのテストでは、マウスを入れたオープンフィールドにそっと手を入れ、底のところで少し指を動かしつつマウスから約10センチの距離で待ちます。この手に対して、マウスが自ら近づいてくるかどうかを調べることで能動的従順性を評価します。次に、同様にオープンフィールドに手を入れて、今度はマウスの身体に触れるまで手を近づけます。この触れられる状態をどの程度許容できるのか調べることで、受動的従順性を定量化します。これらのテストにより、さまざまな実験用系統と野生系統の従順性を評価したのです[10-5]。

その結果はとても興味深いものでした。実験用系統は野生系統と比較していずれも高い受動的従順性を示すのに対し、能動的従順性に関しては実験用系統と野生系統で顕著な違いは見られなかったのです。実験用系統は愛玩用マウスから樹立されています。この実験結果は、愛玩用マウスをつくる過程では、ヒトが触れても許容する性質（受動的従順性）に関して選択を受けているものの、自らヒトに近づく能動的従順性は選択されていなかったということを示しているのです。

この結果を受けて、筆者らは野生系統から能動的従順性を示すマウス集団の樹立に取り組みました。樹立できれば、マウスではじめて遺伝的に能動的従順性の高い集団をつくり出したことになります。筆者らは、野生の集団が遺伝的に十分に多様であり、その中で能動的従順性に個体差があるのであれば、選択交配は可能だと考えたのです。

まず、野生由来の8つの近交系統を交配して野生由来ヘテロジニアス集団を作製しました（口絵Cページ参照）。ヘテロジニアス集団とは、4系統あるいは8系統の近交系統をもとに近交化を避けつつ交配し、集団内の膨大な多様性を維持するようにしたアウトブレッド集団の一種です。筆者らが用いた8つの近交系統は、それぞれ世界中の異なった国で捕獲された野生マウスから作られたものです。したがって、系統間での高い遺伝的多様性があるのです。ヘテロジニアス集団作製のためには、8系統のそれぞれで別系統を相手にして交配します。そして、16ペアで構成される集団をつくりました。16ペアの交配は次世代では必ず別の系統と再度16ペアをつくることで、近交化が進むのを防ぎます。こうすることで、単なる8系統から集団をつくるにも関わらず、遺伝子間の組み合わせも加えると、その集団内には膨大な多様性が生じるのです。その上で、各ペアから生まれた雌雄各5個体の仔マウスに対して、ヒトの手に対して自ら接近する能動的従順性が最も高いマウスを選び交配を続けました。交配の初期には総じて野生らしい俊敏で臆病な形質を示していましたが、世代が進むにつれてヒトの手に自ら近づく時間が長くなりました（口絵B

ページ参照）[10-6]。

このような、ヒトの手に自ら接近するマウスはどのような遺伝子によってできるのでしょうか？　遺伝子を探すためには、選択交配により従順性が進んだ集団内における8系統由来のアレル（同じ遺伝子でありながら塩基配列多型で区別できる異なったタイプ：9章5節参照）頻度を調べて、それが偶然に変動する以上に変化している領域を調べればいいのです。実際に調べてみると、11番染色体上に特定の系統に由来する遺伝子型が増えているゲノム領域が見つかりました（口絵Dページ参照）。このゲノム領域は、同様にヒトへの高度な従順性を示すコンパニオン動物であるイヌのゲノムでも、進化過程で強い選択を受けてきた領域でした。これらの結果を含めて考えると、ここで見いだしたマウス11番染色体上のゲノム領域には、動物がヒトに対して示す能動的従順性に関わる遺伝子が存在すると考えられたのです[10-6]。

このように、遺伝的に多様な集団の選択交配により表現型を変化させ、さらにそれに関連する遺伝子を探すというアプローチをとることができるようになってきたのです。育種で用いられる手法を取り入れつつ行動遺伝学の手法を駆使することで、行動と遺伝子の関係をより詳しく理解することができるようになると期待されます。

11章　遺伝子発現とマウスの行動

行動などの表現型に遺伝子が関わっていると考えられるならば、その遺伝子の働きの違いの原因としては、遺伝子産物の構造の違いによりタンパク質機能が異なる場合と、遺伝子産物の量が異なる場合の二つのケースが考えられます。そのうち、遺伝子産物の量が異なる原因としては遺伝子発現の違いが主に考えられるでしょう。したがって、遺伝子産物の量を調節するメカニズムは表現型を決める上で重要な役割をはたしていると思われます。この章では行動と遺伝子発現との関連について調べる研究を紹介しましょう。

1 網羅的な遺伝子発現解析と行動との関連

行動などの表現型の違いに関してQTL解析を行うと、その原因は遺伝子産物の構造の違いにあるのか、それとも遺伝子発現量の違いにあるのか、わからないまま関連遺伝子座を探すことになります。

そこで、最終的な表現型はさておいて、遺伝子発現の違いに関連する遺伝子座を調べる研究がeQTL解析といわれる方法です。ハワードヒュー医学研究所のクルグリャク（Leonid Kruglyak）は、モデル生物である酵母でみられる遺伝子発現の多様性に関して、それに関わる遺伝子座の同定に取り組みました[11-1]。まず、酵母の遺伝的に離れた二つの系統から得られた

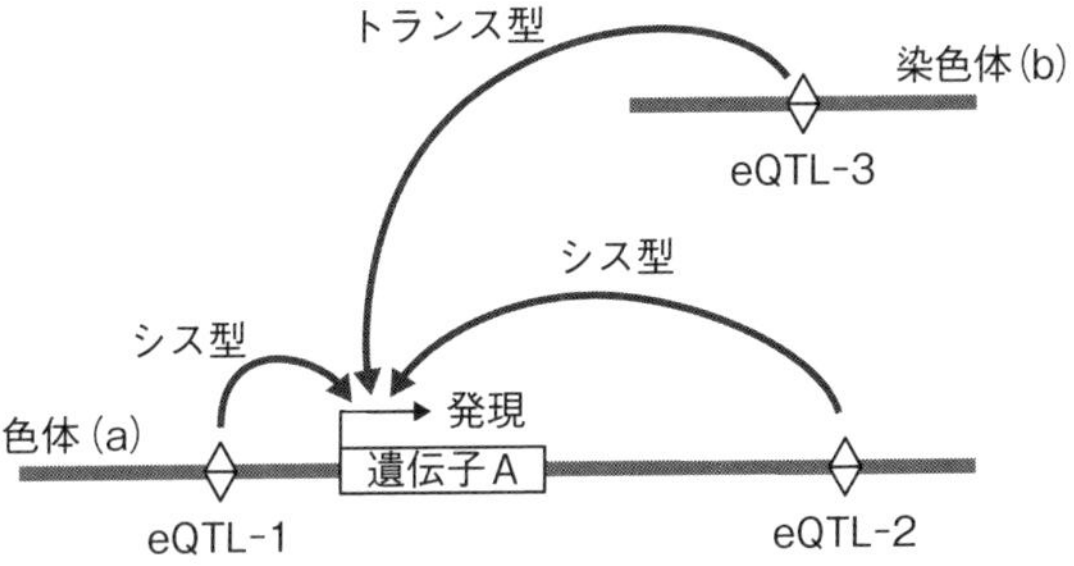

図11·1　eQTLの概念

RNAを用いて解析すると、実に1500個の遺伝子に発現量の違いがみられました。次にゲノム全体を対象にして、これらの「発現量が異なる」という表現型と関連している遺伝子座を調べました。その結果、そのうち少なくとも570個の遺伝子の発現には、一つあるいは複数の遺伝子座が関連していることがわかりました。こうした発現調節遺伝子座(eQTL)は、対象となる遺伝子の近くにある場合(シス型)と遺伝子とは遠くの別の染色体上にある場合(トランス型)に分けられることがわかりました(図11・1)。さらに、トランス型の遺伝子座群のうち8つの遺伝子座は、7遺伝子から94遺伝子にわたる多数の遺伝子を同時に制御しているeQTLであることがわかったのです。

このように、遺伝子発現量の違いにも遺伝的要因が関係しており、そこには発現量調節に関わるeQTLが存在するということがわかってきました。遺伝子の発現量は表現型にも大きく影響することから、マウスの行動にもeQTLが関与していると予想されました。

カリフォルニア大学サンディエゴ校のパルマー（Abraham A. Palmer）らの研究室は、CFWというアウトブレッド集団（9章5節参照）を使って、1200個体におよぶオスのマウスによる大規模な研究を行いました。まず、これらのマウスについて、恐怖条件付け学習能力、依存性薬物であるメタンフェタミンに対する感受性、不安様行動、さらにプレパルスインヒビションテスト（8章8節参照）などの行動項目に関してデータを得ました。その後、それぞれの個体から得られた3つの脳領域に関する脳サンプルを採取してRNA解析を行うとともに、全ゲノムにわたる9万2734か所に及ぶ遺伝子多型を調べました。全ゲノムの関連解析を行った結果、数多くの行動関連遺伝子座の同定に成功しました。メタンフェタミンに対する感受性は6番染色体と9番染色体上のQTLに、不安様行動に関連する遺伝子座は13番染色体上のQTLに、プレパルスインヒビションは7番染色体と13番染色体上のQTLにマップされたのです。

パルマーらは、次に脳の線条体、海馬、さらに前頭前皮質からRNAを調製し、RNAの塩基配列決定による発現解析を行いました。この方法では、発現しているRNAの塩基配列を網羅的に解析します。その結果、それぞれの遺伝子が塩基配列として出てくる頻度から遺伝子の相対的な発現量を知ることが可能になるのです。その発現データをもとに、発現量の調節に関わる遺伝子座を同定するためのeQTL解析を行いました。その結果、メタンフェタミン感受性に関わる

9番染色体上のQTLが、*Azi2*遺伝子の発現調節と関連していることが、示唆されました。また、不安様行動に関わる13番染色体上のQTLと*Zmynd11*遺伝子の発現調節との関連が示唆されたのです。

パルマーらはこのように、遺伝的に多様なアウトブレッドマウスを用いて行動形質のQTL解析を行うことが、行動関連遺伝子の同定をする上で非常に強力な手法となることを示しました。

2　遺伝子システムと行動

パルマーらのグループは、恐怖条件付け学習能力の高い個体と低い個体に関して、アウトブレッド集団のマウスで4世代にわたる選択交配を行い、恐怖条件付け学習能力の異なる集団を作製することに成功しました[11-3]。

実験では、初日に電気ショックをかけるための箱の中にマウスを入れて、30秒間環境に慣れさせた後にそこでの様子（行動）を3分間観察します（図11・2）。その後、30秒間ブザー音を聞かせた直後に2秒間軽い電流を流す電気ショックを与えます。その後30秒間何もなく、再び30秒間のブザー音とその直後の2秒間の電気ショックを与えて初日の実験を終了します。これを恐怖文脈条件付けといって、場所も含めた場面と電気ショックという苦痛を関連付けて記憶させて

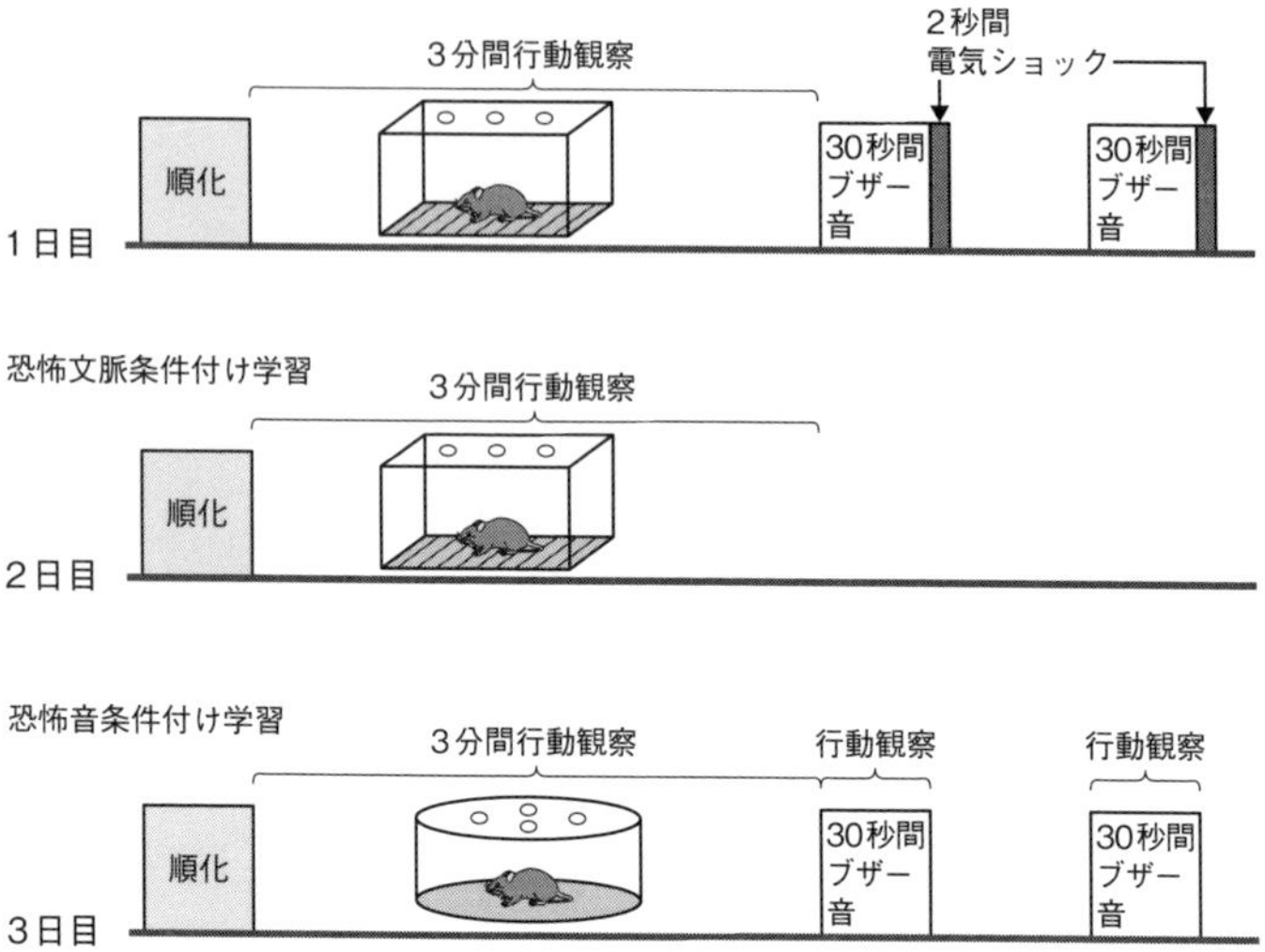

図 11·2　恐怖文脈条件付け学習と恐怖音条件付け学習

います。

二日目には、同じ箱の中にマウスを入れますが、30秒間の慣れさせる時間の後、ブザー音も電気ショックもないまま3分間マウスの行動を観察します。これにより、前日の恐怖文脈条件付けをどの程度記憶しているか調べることができるのです。

三日目には、一日目に電気ショックをかけたときと二日目のテスト時とは異なる実験者が、照明も床や壁の素材も異なるように工夫した箱に同じマウスを入れて、30秒間慣れさせた後、ブザー音も電気ショックもないまま3分間マウスの行動を観察します。その後、30秒間初日と同じブザー音を聞かせてその間のマウスの行動を観察し、さらに30秒間の間をおいて同様に30秒間のブザー音を聞かせて行動を観察します。このブザー音のみを聞かせている際に生じる行動変化を調べることで、恐怖音条件付けをどの程度記憶しているのかがわかります。

これまでの研究で、恐怖文脈条件付け学習には海馬と扁桃体という二つの脳領域が必要で、たとえば海馬を破壊するとこの恐怖文脈条件付け学習はできなくなります。一方、恐怖音条件付け学習は、海馬を破壊しても扁桃体があれば生じることがわかっています。彼らの研究では、恐怖条件付け学習能力の高い個体と低い個体に選択した集団では、その学習能力に顕著な変化が生じていることがわかりました。次に、脳の海馬と扁桃体における遺伝子発現について調べたところ、能力の高い集団と低い集団で遺伝子発現量の異なる遺伝子が見つかってきました。

これとは別に、恐怖条件付け学習能力に関してQTL解析をした結果、そのQTLは先に見つかった発現量の異なる遺伝子のeQTLと近い領域にマップされたことから、これらの遺伝子は発現量の調節を通して恐怖条件付け学習能力に関連していることが示されたのです。こうした遺伝子の中には、カルシウム―カルモジュリン依存型タンパク質リン酸化酵素（*Camk2n*）があり、不安様行動がCaMKII阻害剤でみられなくなることから、妥当な候補と考えられています。それ以外にも、恐怖条件付け学習における行動との関連が示唆されるグアニンヌクレオチド結合タンパク質ベータ1（*Gnb1*）や、統合失調症との関連やエタノール感受性との関連が報告されている*Cap1*などの有望な候補遺伝子が見つかっています。

このように、選択交配を行った集団においても、遺伝子座の解析に加えて遺伝子発現量の解析も加えることで、より詳細に行動と遺伝子の関係を明らかにすることができるようになってきたのです。

12章　行動遺伝学の展望

ここまで紹介してきたように、行動遺伝学の進展のためには、実験材料となるマウスの系統や集団の開発とともに、行動に関わる遺伝子の解析のための新技術の開発が重要な役割を果たしてきました。この章では、今後どのような研究が進められるのか、その可能性について考えてみましょう。

1 これからのマウス行動遺伝学

旋回運動をする舞いネズミや概日リズムの変異など、単一の遺伝子異常による行動異常突然変異体の原因遺伝子は、ポジショナルクローニングという手法で効果的に遺伝子同定ができるようになりました（5章参照）。しかし、多くの研究者の興味は、単一遺伝子だけでは説明のできない、より身近な行動や性格に関わる遺伝子を探す方向へと移ってきています。しかし、こうした形質は多因子により影響を受けているので、関連する遺伝子を同定するのは非常に困難です。それでも、すでに述べてきたように、こうした多因子の形質を支配する個々の遺伝子を探し出す技術や手法は確立されつつあります。その際に大きな役割を果たしているのは、ゲノム解析技術の進歩とゲノム情報の充実です。

次世代シークエンス技術（ＮＧＳ）の進歩により、一個体のゲノムを解読するコストは目覚ましく下がりました。そうすると、多数の個体についてゲノム全体にわたる詳細な遺伝情報を得ることが可能になってきました。アウトブレッドの集団において、多数の個体におよぶシークエンスレベルでの詳細なゲノム多型情報と表現型のデータがあれば、精度の高い遺伝解析を行うことが可能になります。遺伝学の知識は非常に速いスピードで蓄積しつつあるので、より正確な遺伝解析により、量的形質に関わる遺伝子群が比較的容易に同定できる時代が近いうちにやってくるでしょう。

2　ゲノム編集という新たな技術を用いた行動と遺伝子の解析

ゲノム上の遺伝子を容易に書き換えることが可能になれば、遺伝子の機能解析が飛躍的に進むことでしょう。そんな夢のようなことが実際にできる時代になってきました。それがゲノム編集という技術です。

ゲノム編集には、ジンクフィンガーヌクレアーゼ（ZFN）法、ターレン（TALEN）法とクリスパーキャス９（CRISPR/Cas9）法があります。この主に3種類の方法は効率や確実性などにそれぞれ違いがあり、一長一短です。ZFNやTALENは人工のタンパク質で、DNA結合領域に制限酵素の *Fok* Iを結合させたもので、DNA結合領域を操作することで、特定のDNA

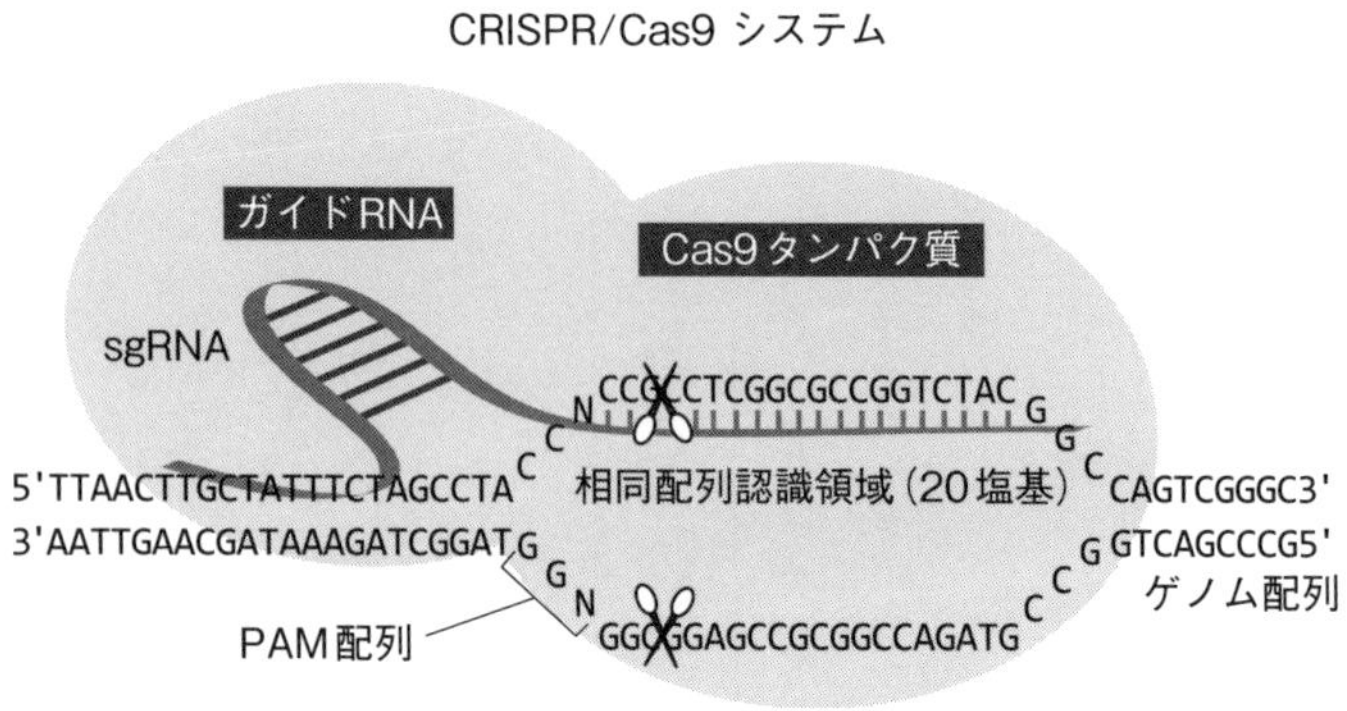

図 12・1　CRISPR/Cas9 によるゲノム編集のしくみ

配列を認識し結合できるようにさせて、さらに*Fok* Iによりを切断します。ところが、この方法は研究者が自ら自由にデザインできないという問題がありました。しかし、CRISPR/Cas9の出現により、ゲノム編集のためのデザインから実際の実験までが非常に簡単にできるようになったのです。

CRISPR/Cas9システムは、化膿レンサ球菌（*Streptococcus pyogenes*）がもっているウイルス感染に対する防御システムを用いて開発されました。このゲノム編集法では、Cas9タンパク質とガイドRNA（sgRNA）が複合体を形成し、それが特定の配列に結合することでゲノムを切断することができます（図12・1）。この中で、ガイドRNAの5′末端に位置する20塩基のRNA配列がゲノムの相同配列を認識することで狙った配列に特異的に結合し、その下流の3塩基からなるPAM配列（5′-NGG-3′）をCas9が認識することでゲ

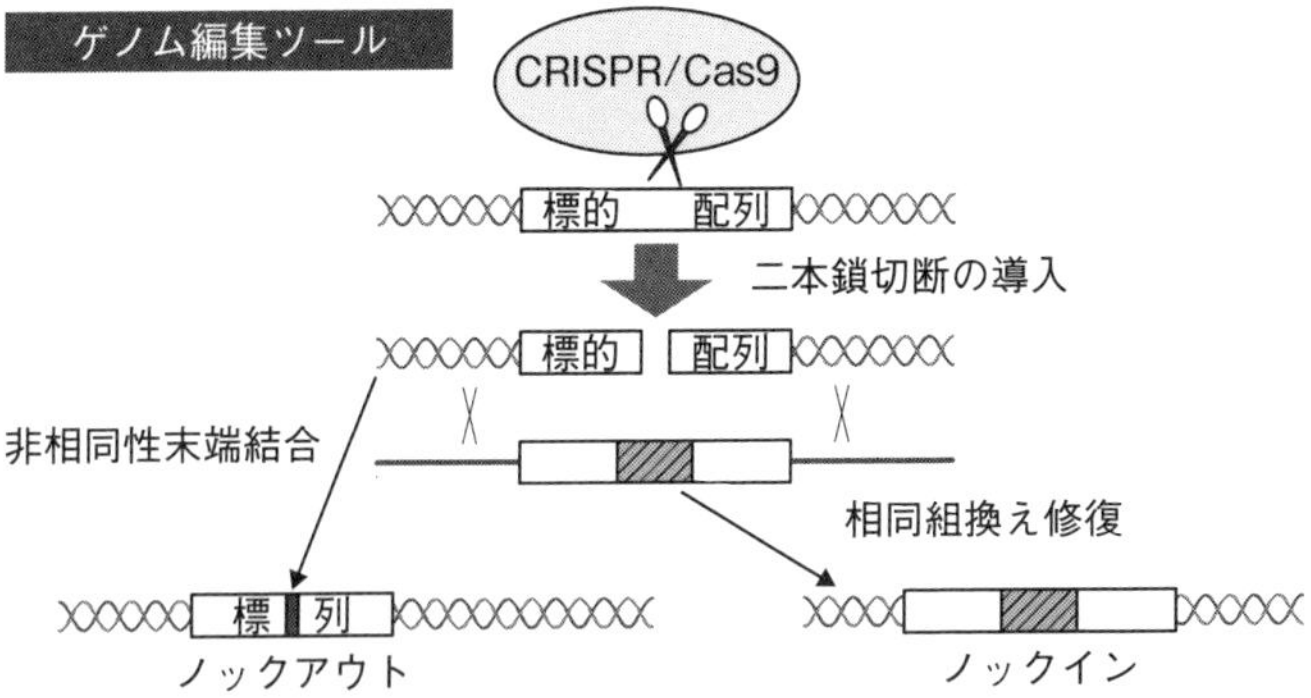

図12·2　CRISPR/Cas9を用いたゲノム編集によるノックアウトとノックイン

ノムDNAを切断することが可能になります。切断後は細胞内の修復系が働く間に欠失や挿入を入れたり、あるいは外来のDNA断片をノックイン（挿入）したりすることが可能になるのです。このように、ガイドRNAの一部で、下流にPAM配列を設定可能な20塩基のゲノム認識配列をデザインするだけで、ゲノム上のどこでも改変できるようになりました。この技術により、遺伝子のノックアウトやノックインが格段に容易になってきたのです（図12・2）。

理化学研究所の上田泰己や隅山健太らは、同一遺伝子の複数の箇所を切断することができるよう3種類のガイドRNAを設計して同時に用いることで、確実に対象とする遺伝子を破壊し、生まれた個体そのものを効率よく（ほぼ100％）ノックアウトホモ個体にすることに成功しました[12-1]。この方法により、従来は交配により系統化した上で解析する必要があったホモ個体の表現型を、最初の世代の個体を用いて解析できるようになったのです。

彼らは、さまざまな精神疾患との関連が報告されているNMDA受容体（グルタミン酸受容体の一種）の7つのサブユニットをコードする遺伝子について、それぞれノックアウトしました。精神疾患は、睡眠障害との関連もしばしば報告されていることから、これらのNMDA受容体サブユニット遺伝子の機能破壊と睡眠障害との関連を調べたのです。彼らは睡眠について調べるために、マウスの呼吸を高感度で、しかも個体にとって苦痛にならない方法で検出し、その呼吸パターンから睡眠状態の有無を検出する方法（Snappy Sleep Stager法）を新たに開発しました。この方法を用いてマウスが睡眠しているか否かを経時的に解析しました。

その結果、7つのサブユニット遺伝子の一つ*Nr3a*遺伝子をノックアウトすると、睡眠時間が正常型と比較して有意に短くなることを明らかにしました。このように、遺伝子のノックアウトから表現型の解析までの時間は、従来の方法に比べて格段に短くなってきたのです。

ゲノム編集技術を用いることで、容易にしかも複数の遺伝子座を同時に操作することさえできるようになります。この技術を使えば、行動遺伝学は飛躍的に発展すると期待されています。ゲノム遺伝学は、行動に関わる遺伝子は単独ではなく複数が関与していることを示してきました。したがって、これまでの既存の方法のように、一つの遺伝子を改変してその機能を見る手法ではどうしても限界があったのです。しかし、ゲノム編集により、候補遺伝子を複数同時に改変することも可能になってきました。こうした試みを行うことで、複数の遺伝子の相互作用や、単独では検出しにくい表現型の確認も短期間でできると期待されます。

CRISPR/Cas9法の開発者の一人であるツァン（Feng Zhang）らは、複数のDNAメチル化酵素、*Dnmt1*、*Dnmt3a*、*Dnmt3b*に着目しました[12-2]。これらのDNAメチル化酵素は、細胞内DNAの配列を変更せず（エピジェネティック）に修飾する上で主要な役割を果たしています。特に、*Dnmt1*と*Dnmt3a*は成体マウスの脳で高い発現量を示し、DNAの修飾を通して神経細胞のシナプス可塑性、さらに学習記憶の形成などに重要な役割を果たしていることが報告されています。しかし、*Dnmt1*と*Dnmt3a*は互いに機能を補い合う働きがあり、一つの遺伝子を破壊しただけではその影響を調べることが難しいという問題がありました。

ツァンらは、*Dnmt1*、*Dnmt3a*、*Dnmt3b*を一度にノックアウトするために3つのガイドRNAを同時に発現するベクターDNAを作製し、アデノ随伴ウイルスを使ってマウス脳の海馬歯状回に注入しました。その結果、ウイルスでガイドRNAを導入した神経細胞の中で、約35％の細胞において三つの遺伝子すべてに変異を導入することに成功しました。*Dnmt1*と*Dnmt3a*の二つの遺伝子を破壊した割合にすると、導入した神経細胞のうち実に62％にのぼります。これらのマウスにおいて文脈依存型恐怖条件付け学習テストを行ったところ、三つの遺伝子を共にノックアウトされたマウスではその機能が有意に阻害されていることがわかりました。一方、このマウスはオープンフィールドテスト、高架式十字迷路や新奇物体認識テストなどでは正常の成績であることから、海馬を介した文脈依存型記憶のみに異常を示すことがわかったのです。

このように、CRISPR/Cas9 システムをはじめとしたゲノム編集技術は、複数の遺伝子が関与する行動に関わる遺伝的基盤を明らかにする上で不可欠な技術になりつつあります。

今後は、ゲノム解析により見つかった行動に関わる遺伝子について、その遺伝的変異や多型に基づき、それらと同じ配列にゲノムを書き換えてその個体の行動を調べることが当たり前になってくるでしょう。そうすると、弱い効果をもった変異についても、より詳しく解析することができるようになります。さらに、弱い効果をもった変異を複数組み合わせてその影響を調べることもできるでしょう。本来、行動の多様性は弱い効果を持った多数の遺伝子が組み合わさって生じていると考えられており、まさしくそうした現象をマウスで再現できる時代がやってきたのです。

おわりに

ジャクソン研究所のレーンは、マウスの行動異常突然変異としては早期に *weaver* を見つけました。飼育していたマウスの中にうまく歩行できない個体を見つけたとき、おそらく彼女は驚くと同時に、この行動異常は遺伝するのか、もしそうならどのような原因で生じているのかといった興味を持ったことでしょう。後にカルシウム依存性のカリウムチャネルである GIRK2 の変異が小脳の機能異常と関係していることの解明に結び付く *weaver* 突然変異体の発見は、遺伝学と神経科学に大きな貢献をしたと言えます。

遠く海を隔てた日本では、レーンの *weaver* 発見からさかのぼること170年以上前に、舞いネズミと呼ばれる、不思議な回転運動をするマウスの飼育方法と維持の仕方について述べた本が出版されています。江戸時代の庶民の中にも、こうしたマウスの行動に強い興味を持った人が多くいたということでしょう。この変異体も後に新規のカドヘリン遺伝子の同定に結び付き、それが内耳のステレオシリアの機能に重要な役割を果たしていることの発見につながりました。

このように、突然変異により生じる行動異常は、未知の遺伝子機能を解明するために大きく貢献してきました。今後もさらに多くの突然変異を用いて遺伝子の機能が解明されていくでしょう。

しかし、今、研究は次の段階に入ってきていると言えます。多くの研究者は、行動の多様性に関わる遺伝的基盤を解明するための研究に取り組みつつあります。たとえば、不安傾向の高いマウスと低いマウスの遺伝的な違いは何か、攻撃性の高いマウスはどういう遺伝子を持っているのか、社会性の系統差にはどういう遺伝子が関わっているのか、などなど数えきれないほどの研究テーマが存在しているのです。しかも、これらの多くはそのままヒトの性格や行動の遺伝的基盤の理解に結び付く可能性があります。

多くの人は、自分や他人の性格がどのようにしてつくられているのか興味を持っています。両親のいずれから遺伝したのか、あるいは幼少期に起きた出来事に原因があるのではないかなどと考えることも多いようです。こうした疑問に答えるのは難しいものでした。しかし、個人のゲノムを比較的簡単にしかも低コストで解読するだけの技術が発達してきた今、性格がどの程度遺伝子の影響を受けているのか、ゲノム情報を用いて信頼性の高い答えを出すことは、近い将来可能になるかもしれません。また、疾患のリスクをある程度の信頼性をもって予測することも可能になるでしょう。このようなゲノム遺伝学の流れの中で、重要な実験動物の一つであるマウスを用いてより詳しく解析することには、大きな意味があるのです。さまざまな行動に関わる遺伝子を、まずはマウスで明らかにするとともに、そのメカニズムまで解明していくことは、すでに多くの研究者が行っています。また、このようにわかってきた遺伝子について、マウスで複数の遺伝子をゲノム編集して多因子を同時に解析するような試みも進むことでしょう。行動から遺伝子を解明し、さらに遺伝子から行動を明らかにする一連の流れをつくり出すこと、これこそが、複雑な遺伝的要因が関わる行動の遺伝的基盤に迫る有効な方法であると思われます。本書で述べてきたように、この流れを生み出す手法はほぼでき上がってきているのです。

今後、このようにしてマウスでわかった知見をもとに、ヒトの性格に関わる遺伝子とその機能を明らかにすることも当たり前になってくることが期待されています。種を越えて遺伝子と行動との関係を比較することで、より深く理解が進むのです。

行動遺伝学にはとても大きな未開拓の領域が存在しています。これから研究を始めようとする若手の人たちにとって、存分に活躍できる場所がそこにあるのです。

最後になりましたが、本書の出版にあたり、執筆の機会を与えて頂き、原稿に丁寧なご助言を頂いた長田敏行先生と酒泉 満先生、ならびに最後まで多大なるご尽力を頂いた野田昌宏氏をはじめ裳華房の方々に心より感謝申し上げます。

２０１８年６月

小出　剛

略 語 表

α-CaMKII：calcium/calmodulin-dependent protein kinase II alpha（カルシウム / カルモジュリン依存性プロテインキナーゼ II アルファ）
ASR：acoustic startle response（聴覚性驚愕反応）
BAC：bacterial artificial chromosome（大腸菌人工染色体）
Cap1：cyclase associated protein homolog 1
Cas9：CRISPR-associated protein 9
CRISPR：clustered regularly interspaced short palindromic repeats
DREADD：designer receptors exclusively activated by designer drug
ENU：*N*-ethyl-*N*-nitrosourea（*N*- エチル -*N*- ニトロソウレア）
eQTL：expression quantitative trait locus（発現調節遺伝子座）
EST：expressed sequence tag
GSC：Genomic Sciences Center（理化学研究所ゲノム科学総合研究センター）
GSF：Gesellschaft für Strahlenforschung（ドイツ放射線研究会）
IMPC：International Mouse Phenotyping Consortium
ITI：inter trial interval（各トライアル間隔）
LTP：long-term potentiation（長期増強）
MPD：Mouse Phenome Database
NGS：next generation sequencing（次世代シークエンス技術）
PPI：prepulse inhibition
QTL：quantitative trait locus（量的遺伝子座）
Rgs2：regulator of G-protein signaling 2
SHIRPA：SmithKline Beecham, Harwell, Imperial College, Royal London Hospital, phenotype assessment
SNP：single nucleotide polymorphism（一塩基多型）
TALEN：transcription activator-like effector nuclease
Usp46：ubiquitin-specific peptidase 46（ユビキチン特異的ペプチダーゼ）
ZFN：zinc-finger nuclease

9-2 Crabbe, J. C. *et al.* (1999) Science, **284**: 1670-1672.
9-3 Valdar, W. *et al.* (2006) Genetics, **174**: 959-984.
9-4 Sorge, R. E. *et al.* (2014) Nature Methods, **11**: 629-632.
9-5 Horii, Y. *et al.* (2017) Sci. Rep., **7**: 6991.
9-6 Tomida, S. *et al.* (2009) Nat. Genet., **41**: 688-695.
9-7 Yalcin, B. *et al.* (2004) Nat. Genet., **36**: 1197-1202.
9-8 Takada, T. *et al.* (2008) Genome Res., **18**: 500-508.
9-9 Takahashi, A. *et al.* (2008) Gene. Brain Behav., **7**: 849-858.

10 章　育種学と遺伝学の接点

10-1 Trut, L. (1999) Am. Sci., **87**: 160-169.
10-2 Albert, F. W. *et al.* (2009) Genetics, **182**: 541-554.
10-3 Henderson, N. D. *et al.* (2004) Behav. Genet., **34**: 267-293.
10-4 Price, E. O. (2002) "Animal Domestication and Behavior" CABI Publishing, New York.
10-5 Goto, T. *et al.* (2013) Gene. Brain Behav., **12**: 760-770.
10-6 Matsumoto, Y. *et al.* (2017) Sci. Rep., **7**: 4607.

11 章　遺伝子発現とマウスの行動

11-1 Brem, R. B. *et al.* (2002) Science, **296**: 752-755.
11-2 Parker, C. C. *et al.* (2016) Nat. Genet., **48**: 919-926.
11-3 Ponder, C. A. *et al.* (2007) Gene. Brain Behav., **6**: 736-749.

12 章　行動遺伝学の展望

12-1 Sunagawa, G. A. *et al.* (2016) Cell Rep., **14**: 662-677.
12-2 Swiech, L. *et al.* (2015) Nat. Biotechnol., **33**: 102-106.

6-2 Silva, A. J. *et al.* (1992) Science, **257**: 201-206.
6-3 Hebb, D. O. (1949) "The Organization of Behavior: A Neuropsychological Theory" Wiley & Sons, New York.
6-4 高橋直矢ら（2014）ヘブ則『脳科学辞典』DOI: 10.14931/bsd.483.
6-5 Silva, A. J. *et al.* (1992) Science, **257**: 206-211.
6-6 Chen, C. *et al.* (1994) Science, **266**: 291-294.
6-7 Saudou, F. *et al.* (1994) Science, **265**: 1875-1878.
6-8 Huang, P. L. *et al.* (1993) Cell, **75**: 1273-1286.
6-9 Nelson, R. J. *et al.* (1995) Nature, **378**: 383-386.

7章　遺伝子機能解析のための新たなツール

7-1 Tsien, J. Z. *et al.* (1996) Cell, **87**: 1317-1326.
7-2 Tsien, J. Z. *et al.* (1996) Cell, **87**: 1327-1338.
7-3 岩里琢治（2011）『行動遺伝学入門』小出 剛・山元大輔 編著，裳華房，p. 111-124.
7-4 Gossen, M., Bujard, H. (1992) Proc. Natl. Acad. Sci. USA, **89**: 5547-5551.
7-5 Mayford, M. *et al.* (1996) Science, **274**: 1678-1683.
7-6 常松友美・山中章弘（2014）光遺伝学『脳科学辞典』DOI: 10.14931/bsd.3984.
7-7 Boyden, E. S. *et al.* (2005) Nat. Neurosci., **8**: 1263-1268.
7-8 Ishizuka, T. *et al.* (2006) Neurosci. Res., **54**: 85-94.
7-9 Lin, D. *et al.* (2011) Nature, **470**: 221-226.

8章　行動を比較するために

8-1 Ishii, A. *et al.* (2011) Behav. Genet., **41**: 716-723.
8-2 Furuse, T. *et al.* (2002) Brain Res. Bull., **57**: 49-55.
8-3 Hall, C. (1934) Comp. Psychol., **18**: 385-403.
8-4 Takahashi, A. *et al.* (2006) Behav. Genet., **36**: 763-774.
8-5 Arakawa, T. *et al.* (2014) J. Neurosci. Meth., **234**: 127-134.
8-6 Blizard, D. A. *et al.* (2007) J. Psychopharmacol., **21**: 136-139.

9章　行動における量的形質の遺伝学

9-1 DeFries, J. C. *et al.* (1978) Behav. Genet., **8**: 3-13.

3-3 Lathrop, A. E. C. and Loeb, L. (1913) Proc. Soc. Exp. Biol. Med., **11**: 34-38.
3-4 Klein, J. (1982) "Immunology: The Science of Self-Nonself Discrimination" Wiley, New York.
3-5 Ogasawara, M. *et al.* (2005) Gene, **349**: 107-119.
3-6 Koide, T. *et al.* (1998) Mamm. Genome, **9**: 15-19.
3-7 Takada, T. *et al.* (2013) Genome Res., **23**: 1329-1338.

4章　マウスの遺伝学
4-1 Green, M. C. ed. (1981) "Genetic Variants and Strains of the Laboratory Mouse" Gustav Fischer Verlag, Stuttgart.
4-2 Mouse Genome Sequencing Consortium (2002) Nature, **420**: 520-562.

5章　マウスを用いた行動遺伝学のあゆみ
5-1 Lane, P. W. (1964) Mouse News Letter, **30**: 32-33.
5-2 Patil, N. *et al.* (1995) Nat. Genet., **11**: 126-129.
5-3 Fletcher, C. F. *et al.* (1996) Cell, **87**: 607-617.
5-4 Yerks, R. M. (1907) "The Dancing Mouse: A Study in Animal Behavior" The Macmillan Company, New York.
5-5 Di Palma, F. *et al.* (2001) Nat. Genet., **27**: 103-107.
5-6 Gibson, F. *et al.* (1995) Nature, **374**: 62-64.
5-7 Brown, S. D. *et al.* (2008) Nat. Rev. Genet., **9**: 277-290.
5-8 Konopka, R. J. and Benzer, S. (1971) Proc. Nat. Acad. Sci. USA, **68**: 2112-2116.
5-9 Vitaterna, M. H. *et al.* (1994) Science, **264**: 719-725.
5-10 Antoch, M. P. *et al.* (1997) Cell, **89**: 655-667.
5-11 Siepka, S. *et al.* (2007) Cell, **129**: 1011-1023.
5-12 Hardisty-Hughes, R. E. *et al.* (2010) Nat. Protoc., **5**: 177-190.
5-13 Curtin, J. A. *et al.* (2003) Curr. Biol., **13**: 1129-1133.
5-14 Justice, M. J. *et al.* (1999) Hum. Mol. Genet., **8**: 1955-1963.

6章　遺伝子から行動へのアプローチ
6-1 小久保博樹（2013）『マウス実験の基礎知識』小出 剛 編，オーム社，p. 183-198.

引用文献

1章　行動や性格と遺伝子との関係

1-1 小出 剛（2011）『行動遺伝学入門』小出 剛・山元大輔 編著，裳華房，p. 1-14.

1-2 Galton, F. (1869) "Hereditary Genius: An Inquiry Into Its Laws And Consequences" Macmillan and Co., New York.

1-3 Burmeister, M. *et al.* (2008) Nat. Rev. Genet., **9**: 527-540.

1-4 下山晴彦 編集代表（2014）『心理学辞典』誠信書房.

1-5 Riemann, R. *et al.* (1997) J. Pers., **65**: 449-475.

2章　マウスの生態と分布

2-1 Baker, R. H. (1946) Ecol. Monogr., **16**: 393-408.

2-2 浜島房則（1962）九州大學農學部學藝雜誌，**20**(1): 61-79.

2-3 ジャレド・ダイアモンド（2012）『銃・病原菌・鉄』草思社.

2-4 Moriwaki, K. *et al.* eds. (1994) "Genetics in Wild Mice" Japan Scientific Societies Press, Tokyo.

2-5 定延子（1787）『珍玩鼠育草』(1982年復刻版，『江戸科学古典叢書 44 博物学短篇集 上』恒和出版).

2-6 日本遺伝学会 監修・編（2017）『遺伝単』エヌ・ティー・エス.

2-7 寺島俊雄（1993）ミクロスコピア，10巻1号 : 28-35.

2-8 寺島俊雄（1992）ミクロスコピア，9巻4号 : 162-169.

2-9 Keeler, C. E. (1931) "The Laboratory Mouse: its Origin, Heredity, and Culture" Harvard University Press, Cambridge, USA.

3章　実験動物としてのマウス

3-1 米川博通・森脇和郎（1986）蛋白質 核酸 酵素，**31**: 1151-1170.

3-2 Morse, III H. C. (2007) "The Mouse in Biomedical Research. 1 History, Wild Mice, and Genetics" Fox, J. G. *et al.* eds. Academic Press, Burlington, MA, p. 1-11.

マ　行

ヤ　行

ラ　行

タ　行

ナ　行

ハ　行

カ　行

サ　行

索　　引

著者略歴

小《こ》出《いで》　剛《つよし》

1961 年　愛媛県生まれ
1990 年　大阪大学大学院医学研究科博士課程修了　医学博士
現　在　国立遺伝学研究所マウス開発研究室　准教授
　　　　総合研究大学院大学遺伝学専攻　准教授（併任）
主　著　『個性は遺伝子で決まるのか』（ベレ出版），『マウス実験の基礎知識』第 2 版（編，オーム社），『行動遺伝学入門』（共編著，裳華房）．

シリーズ・生命の神秘と不思議

行動や性格の遺伝子を探す
— マウスの行動遺伝学入門 —

2018 年　7 月 30 日　第 1 版 1 刷発行

検印省略

定価はカバーに表示してあります．

著作者	小出　剛
発行者	吉野和浩
発行所	東京都千代田区四番町 8-1 電　話　03-3262-9166（代） 郵便番号 102-0081 株式会社 裳華房
印刷所	株式会社 真興社
製本所	株式会社 松岳社

社団法人
自然科学書協会会員

ISBN 978-4-7853-5127-4